Vicens Vives

PROYECTO ZOOM MATEMÁTICAS

JAVIER FRAILE MARTÍN
ASCENSIÓN PINEDA MARTÍNEZ

EDUCACIÓN 6.2 PRIMARIA

Un proyecto innovador

Vicens Vives ha creado un proyecto para potenciar la motivación por el aprendizaje con **metodologías activas** y **contextualizadas**.

En la guía de recursos para el profesorado encontrarás unas fichas donde se explica, paso a paso, cuándo, dónde y cómo aplicar estas metodologías activas.

- Flipped classroom
- Gamificación
- Trabajo colaborativo
- Visual thinking
- Aprendizaje basado en proyectos
- Aprendizaje basado en rutinas de pensamiento

El objetivo principal del proyecto es desarrollar en el alumnado las capacidades imprescindibles para convivir en la sociedad del futuro y favorecer la adquisición de **valores positivos**, de **ciudadanía** y de **igualdad de género**: habilidades de comunicación, aprender a pensar, educación emocional, creatividad, trabajo cooperativo, reflexionar y gestionar el propio aprendizaje...

Para ello, creemos importante trabajar estos tres pilares:

- Aprender a aprender
- Educación emocional
- Integración de las TIC

En este proyecto encontrarás:

La propuesta de ejercicios, actividades y tareas va dirigida a favorecer el desarrollo competencial y las inteligencias múltiples del alumnado. Se indican con los siguientes símbolos:

Competencias clave

- Comunicación lingüística
- Sociales y cívicas
- Aprender a aprender
- Digital
- Matemática y ciencias y tecnología
- Sentido de iniciativa y espíritu emprendedor
- Conciencia y expresiones culturales

Inteligencias múltiples

- Lingüística
- Lógico-matemática
- Naturalista
- Musical
- Espacial
- Cinético-corporal
- Intrapersonal
- Interpersonal

Cómo es este libro

Las actividades del libro están clasificadas según los procesos cognitivos que trabajan:

Conocer: en estas actividades, el alumnado trabaja directamente el contenido.

Aplicar: estas actividades relacionan el contenido trabajado con los conocimientos previos del alumnado y con el entorno, es decir, que trabajan con el contexto.

Razonar: estas actividades tienen como objetivo que el alumnado reflexione, explique y razone los porqués de sus respuestas.

¡Ponte a prueba!

Esta página presenta actividades en las que los alumnos y alumnas deben aplicar contenidos matemáticos obligándoles a reflexionar y aplicar la lógica.

¡Ponte a prueba!

EL BARQUERO INGENIOSO

LOS TARROS DE MIEL

MARIQUITAS Y MARIPOSAS

Ya sé...

Ya sé

La última página de cada tema es de autoevaluación, para que el alumnado reflexione sobre lo que sabe hacer y lo que debe mejorar.

Entrada del tema

Las páginas de presentación incluyen una propuesta activa para el aula, así como preguntas que permiten al alumnado activar los conocimientos previos.

1 Los estorninos

Una excursión para observar aves

Interior del tema

Actividad competencial

Se plantea una situación real donde el alumnado debe aplicar los contenidos trabajados en el tema.

Resolución de problemas

En este apartado se ofrecen actividades donde el alumnado pondrá en práctica estrategias de resolución de problemas.

Cálculo mental

Se plantean estrategias para aumentar la velocidad en el cálculo mental.

Actividad cooperativa

Planteamos actividades lúdicas para que el alumnado desarrolle el trabajo cooperativo en el aula, reforzando conceptos trabajados.

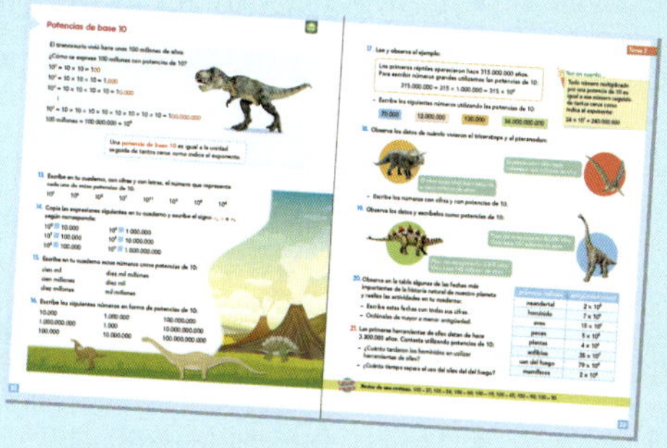
Potencias de base 10

Actividades

En este apartado se ofrecen ejercicios de rutina, de aplicación y de ampliación para consolidar todo lo aprendido, y actividades para poner a prueba el ingenio matemático.

Revista

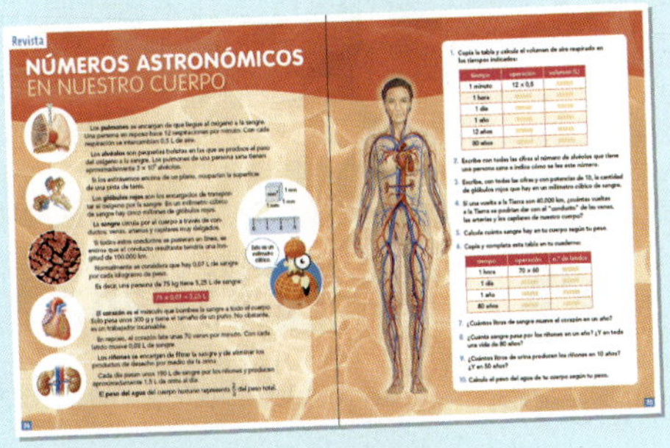
Revista

NÚMEROS ASTRONÓMICOS EN NUESTRO CUERPO

Al final de cada trimestre se ofrece una revista con temas de interés para poder repasar algunos de los principales contenidos del trimestre.

Recursos didácticos

Gimnasio

Acceso a ejercicios en línea para tonificar el cerebro.

Mediateca

Contenidos audiovisuales para trabajar en clase o en casa.

Cálculo mental

Series de operaciones para conseguir agilidad en el cálculo mental.

Índice

Contenidos

- **Las actividades contenidas en este libro han de realizarse en un cuaderno aparte.**

Cálculo mental	Razonamiento y prueba	Resolución de problemas
• Sumar y restar 99	• Identificar las matemáticas implicadas en situaciones cotidianas	• Uso de la calculadora: el resto de la división
• Multiplicar por 11	• Argumentar procesos de resolución de problemas no convencionales	• Orientarse en el espacio: de la fotografía al plano
• Sumar y restar 999	• Hacer conjeturas, comprobarlas y explicar los razonamientos	• Buscar datos en una imagen: problemas de múltiplos y divisores
• Hallar resultados aproximados	• Observar patrones y hacer conjeturas • Reconocer y corregir errores	• Sentido numérico. Completar frases con datos razonables
	Números astronómicos en nuestro cuerpo	
• Multiplicar y dividir números decimales por 10, 100 y 1.000	• Reconocer las matemáticas en situaciones cotidianas	• Planificar la resolución. Averiguar la pregunta según el significado de las operaciones
• Calcular el 50% y el 25%	• Identificar patrones y hacer conjeturas • Reconocer las matemáticas en situaciones cotidianas	• Distinguir datos necesarios y datos innecesarios para resolver un problema
• Calcular el 10%, el 5%, el 15% y el 20%	• Reconocer patrones • Establecer relaciones entre diferentes conceptos	• Usar la calculadora. Interpretar y redondear resultados con números decimales
• Multiplicar por 5	• Hacer conjeturas y comprobarlas • Generalizar resultados por inducción	• Averiguar las preguntas de acuerdo con las operaciones que resuelven un problema
	Del Everest a la fosa de las Marianas	
• Dividir entre 5	• Buscar patrones para resolver problemas • Reconocer las matemáticas en situaciones cotidianas	• Elegir los datos de un problema a partir de las operaciones que lo resuelven
• Multiplicar por 0,5	• Resolver problemas por ensayo y error	• Hacer repartos desiguales. Dibujar esquemas para resolver problemas
• Dividir entre 0,5	• Buscar modelos matemáticos y relaciones entre conceptos	• Utilizar instrumentos de dibujo para resolver problemas
• Multiplicar por 101	• Relacionar situaciones cotidianas con conceptos matemáticos	• Resolver problemas geométricos mediante dibujos
	Los bomberos del cielo	

• **Los espacios incluidos en las actividades son meramente indicativos y su finalidad es didáctica.**

5 Deportes de vela

Vas a aprender

LOS NÚMEROS DECIMALES Y A...

- comparar y redondear números decimales y situarlos en la recta numérica
- sumar, restar y multiplicar números decimales
- dividir un decimal entre un natural y dividir dos números decimales
- dividir dos números naturales y obtener cocientes decimales

El curso de *kitesurf*

Sonia tuvo la suerte de poder practicar varios deportes de vela durante el pasado verano. Hizo un curso de *kitesurf* junto con su primo Antonio y durante tres días practicaron hasta poder hacer sus primeros metros tirados por una cometa. También pudieron subir a una tabla con el monitor. Todo fue muy emocionante.

En la playa pudieron descubrir muchos otros deportes que utilizan el viento como sistema de propulsión: el *windsurf*, los barcos de vela olímpicos y los espectaculares trimaranes. Les llamó mucho la atención que la velocidad en el mar se midiera en nudos.

Pasaron unos días de vacaciones inolvidables y aprendieron muchas cosas.

Pienso

- ¿Conocías alguno de los deportes que menciona Sonia?
- ¿Has tenido ocasión de hacer volar una cometa alguna vez?
- ¿Qué es un trimarán?

Me interesa

- ¿Conoces los récords de velocidad en el mar?
- ¿Sabes si es lo mismo una milla terrestre que una milla marina?

Reflexiono

- ¿A cuánto equivale un nudo?
- ¿Sabrías calcular cuántos kilómetros por hora son 13,5 nudos?

Números decimales en la recta numérica

Recta numérica

Observa cómo representamos el número decimal 3,68 en la recta numérica:

1. 3,68 se encuentra entre los números naturales 3 y 4:

   $3 < 3{,}68 < 4$

2. Dividimos la unidad en 10 décimas. 3,68 se encuentra entre 3,6 y 3,7:

   $3{,}6 < 3{,}68 < 3{,}7$

3. Dividimos la décima en 10 centésimas y marcamos el 3,68.

   Observa dónde se encuentra.

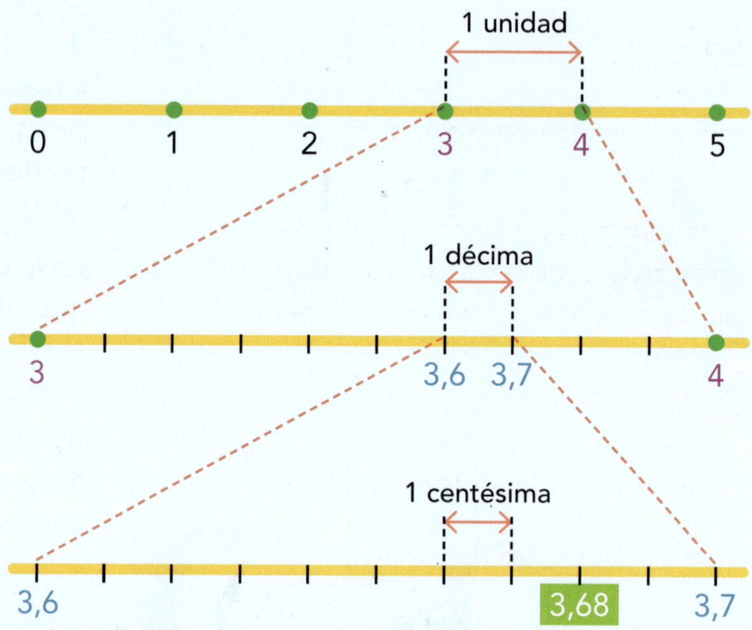

1. Indica en tu cuaderno entre qué números naturales se encuentra cada uno de los números decimales siguientes:

5,6 | 20,45 | 18,86 | 8,92 | 0,25 | 300,5

2. Relaciona en tu cuaderno cada letra de la recta numérica con el número decimal correspondiente:

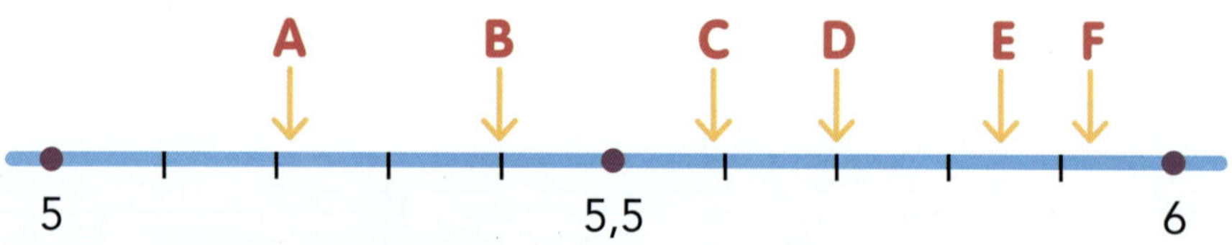

5,93 | 5,59 | 5,70 | 5,85 | 5,4 | 5,22

3. Indica en tu cuaderno a qué número corresponde cada letra de las rectas numéricas siguientes:

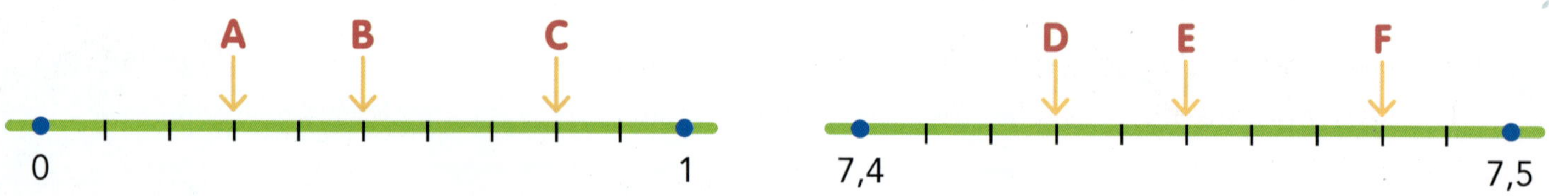

4. Representa los números decimales siguientes en la recta numérica y utiliza la representación para ordenarlos de menor a mayor:

6,2 | 6,21 | 6,01 | 6,12 | 6,02 | 6,1

Comparación de números decimales

¿Qué número es mayor: 5,38 o 5,4?

5,38 → | U | d | c |
|---|---|---|
| 5, | 3 | 8 |

5,40 → | U | d | c |
|---|---|---|
| 5, | 4 | 0 |

5,38 < 5,4

Para comparar números decimales, primero completamos con ceros el número que tiene menos cifras decimales. Después, comparamos los números.

5. Ordena en tu cuaderno los números de cada grupo de menor a mayor:

5,9 3,9 6,2 2,8

0,6 0,006 0,06 6,0

7,9 7,10 7,257 7,3

4,2 4,02 4,201 4,19

Ten en cuenta...

Otro método:

29,37 ? 29,364

2 9 , 3 7
2 9 , 3 6 4

iguales → 7 > 6

29,37 > 29,364

6. Copia las expresiones en tu cuaderno y escribe el signo <, > o = que corresponda:

0,6 ▢ 0,06 0,5 ▢ 0,52 0,8 ▢ 0,80 0,7 ▢ 0,60

7. Escribe de menor a mayor tres números decimales comprendidos entre:

0,5 y 0,6 15,9 y 16 2,16 y 2,17 0,04 y 0,05

8. Escribe en tu cuaderno las cifras que faltan para que el número ▢ 3, ▢ 9 esté comprendido entre los números que se indican en cada caso:

23 y 24 63,29 y 63,49 43,2 y 43,3

53,6 y 53,8 83,5 y 83,6

9. En una exhibición de surf, cuatro surfistas han alcanzado las velocidades siguientes en kilómetros hora. Ordénalas de menor a mayor:

35,55 35,24 35,05 35,6

Cálculo mental **Continuar las series.** 5,4; 5,6; 5,8; ... 6,81; 6,82; 6,83; ... 4,25; 4,50; 4,75; ... 18,50; 18; 17,50; ...

Redondeo de números decimales

En una frutería compramos 1,15 kg de naranjas y 0,91 kg de manzanas. ¿Cuánto nos cuesta cada fruta?

Para calcular el precio de la compra multiplicamos el peso de la fruta por el precio del kilo:

$$1,15 \times 2,19 = 2,5185 \rightarrow 2,52 \text{ €}$$

$$0,91 \times 1,73 = 1,5743 \rightarrow 1,57 \text{ €}$$

En general, para redondear un número decimal, suprimimos las cifras que no interesan y aplicamos el criterio siguiente:

> Si la primera cifra suprimida es 0, 1, 2, 3 o 4, la última cifra no suprimida **se deja igual**.
>
> Si la primera cifra suprimida es 5, 6, 7, 8 o 9, **se añade una unidad** a la última cifra no suprimida.

10. Copia la tabla en tu cuaderno y complétala redondeando cada número a las centésimas, a las décimas y a las unidades:

	centésimas	décimas	unidades
45,739			
10,209			
16,172			
49,287			

11. Si un metro de tela cuesta 9,45 €, ¿cuánto cuesta un trozo de 0,75 m? Utiliza la calculadora y redondea el precio.

12. Haz las operaciones con la calculadora e indica en tu cuaderno el precio que se tendrá que pagar en cada caso:

- un cuarto de kilo de queso a 14,37 € el kilo
- medio kilo de espinacas frescas a 1,27 € el kilo
- tres cuartos de kilo de pechugas de pollo a 6,78 € el kilo
- 0,650 kg de patatas a 1,23 € el kilo
- 4,220 kg de aceitunas a 8,93 € el kilo

13. Para envolver unos regalos, Cristina ha comprado 2,75 m de papel de regalo a 0,99 € el metro. ¿Cuánto le ha costado en total todo el papel que ha comprado?

Suma y resta de números decimales

Una excursión en bicicleta se hace en dos etapas. La primera es de 21,275 km, y la segunda, de 97,5 km. Observa cómo solucionamos los problemas:

¿Cuántos kilómetros recorren en total?

$$\begin{array}{r} 21,275 \\ +\ 97,500 \\ \hline 118,775 \end{array}$$

En total recorren 118,775 km.

¿Cuánto más larga es la segunda etapa?

$$\begin{array}{r} 97,500 \\ -\ 21,275 \\ \hline 76,225 \end{array}$$

La segunda es 76,225 km más larga.

Para **sumar** y **restar** números decimales:

1.º Colocamos las cifras en columna, de manera que las comas coincidan una debajo de la otra.

2.º Operamos.

3.º En el resultado, ponemos la coma debajo de las otras comas.

14. Coloca verticalmente las operaciones siguientes y calcula:

21,97 + 4,8 + 2,085 | 4 + 21,3 + 12,387 | 9,1 – 3,75 | 22 – 8,496

15. Copia y escribe el número que falta. Explica cómo lo calculas:

7,48 – ▢ = 2,9	8 + ▢ = 11,47	5,31 + ▢ = 13,4
12,5 – ▢ = 3,581	▢ + 3,747 = 8	27,125 + ▢ = 27,08

16. Un cesto vacío pesa 0,9 kg. El mismo cesto lleno de cerezas pesa 4,75 kg. ¿Cuál es el peso de las cerezas?

17. Con una botella de refresco de 1,7 litros se han llenado un botellín de 0,7 litros y una lata de 0,33 litros. ¿Cuánto queda en la botella?

18. Observa el dibujo de Alba y Miguel, y calcula:

– ¿Cuánto mide Alba?
– ¿Quién de los dos es más alto: Alba o Miguel?
– ¿Cuánto más? Expresa el resultado en centímetros.

cálculo mental

Multiplicar. 20 × 300; 40 × 40; 50 × 300; 90 × 20; 60 × 40; 90 × 300; 30 × 50; 70 × 200; 80 × 30.

Multiplicación de números decimales

Las pantallas se miden según la longitud de la diagonal. La de este portátil es de 15,6 pulgadas. ¿A cuántos centímetros equivalen?

Multiplicamos 2,54 × 15,6:

$$\begin{array}{rl} 2,54 & \leftarrow \text{2 cifras decimales} \\ \times \quad 15,6 & \leftarrow \text{1 cifra decimal} \\ \hline 1524 & \\ 1270 & \\ 254 & \\ \hline 39,624 & \leftarrow \text{3 cifras decimales} \end{array}$$

15,6 pulgadas equivalen a 39,624 centímetros.

Para **multiplicar** números decimales:

1.° Hacemos la multiplicación sin tener en cuenta los decimales.

2.° Separamos en el resultado, a partir de la derecha, tantas cifras decimales como cifras decimales hay en los factores.

19. Efectúa las multiplicaciones siguientes:

5,7 × 1,23 | 0,4 × 9,67 | 20,76 × 8,75 | 3,84 × 2,9 | 11,7 × 3,72

20. Por error, no se ha puesto la coma decimal en los números rojos. Copia las operaciones y pon las comas que faltan:

7,95 × 0,41 = 32595	5,1 × 264 = 13,464	516 × 8,3 = 428,28
2,3 × 631 = 14,513	526 × 2,9 = 152,54	0,25 × 131 = 0,3275

21. Javier compra 3 barras de pan a 0,65 € la unidad y 1 cruasán a 1,32 €. Si paga con un billete de 5 €, ¿cuánto le tienen que devolver?

22. ¿Cuánto espacio sobra en un estante de 80 cm si hay 24 libros de 2,86 cm?

23. Un litro de gasolina cuesta 1,255 €. Contesta en tu cuaderno:

– Si lleno el depósito con 56,58 L de gasolina, ¿cuánto me cobrarán?
– Explica cómo has calculado el precio.
– Si el precio sube 3 céntimos de euro por litro, ¿cuánto me costará?
– ¿Cuánto ahorraré si lleno ahora el depósito?

División de un decimal entre un natural

Una modista tiene 33,8 m de tela para 8 vestidos. ¿De cuánta tela dispone para cada uno?

Para saberlo, hay que dividir 33,8 entre 8:

1. Dividimos la parte entera.

   33,8 | 8
   1   4

2. Bajamos la cifra de las décimas y escribimos la coma en el cociente.

   33,8 | 8
   18   4,

3. Continuamos la divisón. Si después de bajar todas las cifras el resto no es 0, podemos terminar la división bajando ceros.

   33,8 | 8
   18   4,2
   2

   → 33,8 | 8
   18   4,225
   20
   40
   0

Dispone de 4,225 m para cada vestido.

24. Efectúa las divisiones siguientes hasta obtener resto cero:

16,84 : 4   3,71 : 7   17,7 : 6   24,48 : 8   25,2 : 3

25. Copia en tu cuaderno y completa:

▭ | 5
45   2,9
0

▭ | 3
27   0,79
0

▭ | 9
54   0,96
0

26. Resuelve en tu cuaderno. Redondea a los céntimos cuando sea conveniente:

- Entre 5 amigas han recogido 14,75 kg de peras. Si quieren repartírselas a partes iguales, ¿a cuántos kilos tocan cada una?
- ¿Cuál es el precio de una magdalena si una docena cuesta 3,30 €?
- Si 25 m de cuerda cuestan 39,95 €, ¿cuánto cuesta 1 m?
- Una garrafa de 5 L de aceite cuesta 18,89 €. ¿Cuánto cuesta 1 L?
- Si un brik de 2 L de leche cuesta 1,65 €, ¿cuánto cuesta 1 L?

Ten en cuenta...

Si el dividendo es menor que el divisor, ponemos un cero y la coma decimal en el cociente y cogemos una cifra más en el dividendo:

2,63 | 4
23   0,6575
30
20
0

Cálculo mental

Sumar un número terminado en 9. 36 + 29; 74 + 19; 22 + 49; 13 + 49; 23 + 69; 17 + 59; 52 + 39; 66 + 29.

División de dos naturales y cociente decimal

Si 4 bocadillos de tortilla de patatas cuestan 13 €, ¿cuánto cuesta un bocadillo de tortilla de patatas?

Para saberlo, hay que dividir 13 : 4, pero la división no es exacta. Observa cómo la efectuamos:

1. Dividimos la parte entera.

```
13 |4
 1  3
```

2. Como un número natural se puede escribir como un decimal, añadimos una coma y ceros al dividendo.

```
13,00 |4
 1     3
```

3. Bajamos la cifra de las décimas, escribimos la coma y terminamos la división.

```
13,00 |4         →   13,00 |4
 1 0   3,             1 0   3,25
                        20
                         0
```

Un bocadillo cuesta 3,25 €.

27. Efectúa las divisiones siguientes hasta obtener resto cero y haz la prueba:

19 : 8   8 : 50   357 : 42   131 : 20   57 : 75

28. Noelia recorre a pie el trayecto desde su casa hasta el colegio 4 veces al día. En 5 días ha recorrido un total de 30 km. ¿A qué distancia del colegio vive Noelia?

29. Un restaurante prepara una sala para 175 comensales. Si en cada mesa caben 8 personas, ¿cuántas mesas hay que utilizar?

30. En una carrera de automóviles se han recorrido 261 km después de dar 36 vueltas al circuito. ¿Qué longitud tiene el circuito?

31. Divide hasta obtener resto cero o cuatro cifras decimales en el cociente:

29 : 4   376 : 5   341 : 3   14 : 6   115 : 3

– ¿En qué divisiones no se obtiene resto cero aunque sigamos dividiendo?
– Coméntalo con tus compañeros y compañeras.

Cálculo mental **Restar un número terminado en 9.** 45 – 19; 57 – 29; 92 – 59; 75 – 39; 56 – 19; 84 – 39; 41 – 29; 82 – 49.

Divisor decimal

Observa cómo efectuamos divisiones con decimales en el divisor:

Para dividir un número **natural entre un decimal**, transformamos la división en una equivalente donde el divisor sea un número natural:

```
 84  |3,5
 ×10   ×10
840  |35
140   24
 00
```

Para dividir un número **decimal entre otro decimal**, transformamos la división en una equivalente que no tenga decimales en el divisor:

```
65,70  |1,46
 ×100   ×100
6570  |146
0730   45
 000
```

32. Haz estas divisiones en tu cuaderno hasta que obtengas cero en el resto:

16 : 3,2 | 12,75 : 3,75 | 6,39 : 0,9 | 325 : 2,6 | 133 : 3,5

36 : 0,75 | 31,46 : 2,6 | 3,2 : 0,05 | 4,5 : 0,75

33. Resuelve los problemas siguientes en tu cuaderno:

- ¿Cuántas botellas de 1,5 litros pueden llenarse con el contenido de un depósito de 372 litros?
- Queremos cortar una cuerda de 25,5 m en trozos de 1,45 m. ¿Cuántos trozos obtendremos? ¿Sobrará cuerda? ¿Cuánta?
- Un caramelo vale 0,15 €. ¿Cuántos caramelos puedo comprar con 4,25 €?
- Jorge ha comprado varios rotuladores a 1,25 € cada uno. Si ha gastado 10 €, ¿cuántos rotuladores ha comprado?

34. En una frutería tienen 4 sacos de naranjas con 12,5 kilos cada uno. Contesta en tu cuaderno:

- ¿Cuántos kilogramos de naranjas tienen en total?
- ¿Cuántas bolsas de 3,5 kg pueden hacerse con todas las naranjas de la frutería?
- ¿Cuántos kilos sobrarán?

¡No te olvides de pasar por el Gimnasio para practicar algunos ejercicios! ¡clic! ¡clic!

Surcando el mar

Sonia y Antonio hicieron un curso de *kitesurf* y leyeron toda la información que había en el club náutico. ¡Cuántas maneras de surcar el mar!

El *kitesurf* o surf de cometa es un deporte en el cual se utiliza una cometa para propulsar al surfista.

El 28 de octubre de 2010, Robert Douglas alcanzó la velocidad de 55,65 nudos con tabla de *kitesurf*.

1. El cursillo duró 6 días. Cada día hacían una sesión de una hora y media. ¿Cuánto duró en total el cursillo?

2. Una milla terrestre mide 1,609 km y una milla náutica mide 1,852 km. ¿Cuántos metros más mide la milla náutica?

3. Observa el significado de *nudo*. ¿Se puede decir que un nudo es la velocidad equivalente a una milla por hora?

4. Observa la información sobre el récord de velocidad de Robert Douglas con un *kitesurf* y contesta:
   - ¿Cuántos años hace que hizo ese récord?
   - Utiliza la calculadora para hallar cuántos kilómetros por hora son 55,65 nudos.
   - Reflexiona y llega a un acuerdo con tus compañeros y compañeras sobre cuántas cifras decimales hay que poner en el resultado de la velocidad en km/h.

Ten en cuenta...

El **nudo** es la unidad que se utiliza para medir la velocidad en la navegación marítima:

1 nudo = 1,852 km/h

Fíjate en cómo se convierte a kilómetros por hora una velocidad expresada en nudos:

15 nudos = 15 × 1,852 =
= 27,780 km/h

El Vestas Sailrocket 2 es la embarcación más rápida impulsada por el viento. Tiene la vela separada de la cabina y la tripula una sola persona. Paul Larsen alcanzó los 65,45 nudos el 24 de noviembre de 2012 pilotando esta embarcación.

El trimarán es una embarcación que tiene tres cascos, uno principal en medio, y dos flotadores a los lados. El récord de velocidad en el mar con una embarcación convencional lo tiene el trimarán Hydroptère. El 4 de septiembre de 2009 alcanzó los 51,36 nudos.

5. Completa la tabla en tu cuaderno convirtiendo a kilómetros por hora los récords de velocidad:

	fecha	nudos	km/h
kitesurf	28-10-2010	55,65	
Vestas Sailrocket 2			
Hidroptère			
windsurf			

– Ordena los récords de mayor a menor velocidad.

– Ahora ordénalos por fecha.

6. La velocidad máxima del Titanic era de 24 nudos. Contesta en tu cuaderno:

– ¿Qué era más rápido, el Titanic o el *windsurf* de Antoine Albeau?

– ¿Cuánto más? Expresa el resultado en nudos y km/h.

7. El velero Comanche, tripulado por 20 personas, es una de las embarcaciones más grandes en las regatas. Contesta:

– Un velero de este tipo es capaz de recorrer 620 millas en 24 horas. ¿Cuántos nudos son?

– Su velocidad máxima es de 40 nudos. ¿Cuántos kilómetros por hora son 40 nudos?

Antoine Albeau tiene el récord de velocidad en *windsurf*. Alcanzó los 52,02 nudos el 21 de noviembre de 2012.

Detalle de la tripulación de un velero Comanche.

Cálculo mental

Multiplicar y dividir por 10, 100 y 1.000.

Para multiplicar un número decimal por 10, 100 o 1.000, se desplaza la coma hacia la derecha uno, dos o tres lugares, respectivamente.

7,65 × 10 = 76,5

7,65 × 100 = 765

7,65 × 1.000 = 7650

Para dividir un número decimal entre 10, 100 o 1.000, se desplaza la coma hacia la izquierda uno, dos o tres lugares, respectivamente.

32,8 : 10 = 3,28

32,8 : 100 = 0,328

32,8 : 1.000 = 0,0328

23,4 × 100	0,04 × 100
5,68 : 1.000	89,2 : 100
0,001 × 10	2,6 × 1.000
1,2 : 1.000	892,1 : 100
2,1 × 100	14,5 × 1.000
902,1 : 100	4,68 : 100
6,8 × 1.000	1,56 × 1.000
134,5 : 10	145,9 : 10

Actividad cooperativa

Un supermercado ofrece estas opciones:

1. Dividid la clase en grupos de cuatro y resolved las actividades siguientes:

- Expresad con números decimales la cantidad de agua de cada botella. En el primer caso, calculad también cuánta agua hay en 4 botellas.
- Calculad el precio de un litro de agua en cada una de las opciones. ¿Con cuál sale más económico el litro de agua?

2. Discutid entre todos los grupos las cuestiones siguientes:

- ¿La opción más económica es siempre la más acertada?
- La profesora ha encontrado la oferta de la derecha y afirma que es la más económica de todas. Encontrad las razones en las que se basa para hacer esa afirmación.

Aprenderás a... planificar la resolución.

En los problemas siguientes no se ha escrito la pregunta del problema ni se ha anotado ninguna aclaración al lado. Descúbrela averiguando el significado de las operaciones. Observa los pasos para resolver un problema.

He comprado un pastel por 7,48 € y 6 bombones. En total, he gastado 10,90 €.

1. Escribe el significado de cada operación:

   10,90 – 7,48 = 3,42 → precio de los 6 bombones

   3,42 : 6 = 0,57 → precio de cada bombón

2. Planteamos la pregunta del problema:

   ¿Cuánto cuesta cada bombón?

3. Escribimos la solución del problema:

   Cada bombón cuesta 0,57 €.

1. Tengo 7 € para comprar 3 bolígrafos de 1,08 € y 2 libretas de 2,49 €, ¿ ?

3 × 1,08 = 3,24	3,24 + 4,98 = 8,22
2 × 2,49 = 4,98	8,22 – 7 = 1,22

2. Tenemos un carrete de 50 m de cuerda y cortamos 8 trozos de 3,45 m cada uno. ¿ ?

8 × 3,45 = 27, 60

50 – 27,60 = 22,40

3. Media docena de granadas pesan 1,5 kg. ¿ ?

12 : 2 = 6

1,5 : 6 = 0,25

4. Un paquete de papel DIN A4 pesa 2,5 kg, contiene 500 hojas y vale 4,98 €. ¿ ?

4,98 : 500 = 0,00996

0,00996 × 850 = 8,466

5. Compro 2 lápices de 0,65 € y 5 cuadernos de 1,47 €. ¿Cuánto me devolverán si ?

2 × 0,65 = 1,30	1,30 + 7,35 = 8,65
5 × 1,47 = 7,35	10 – 8,65 = 1,35

6. Una película de dibujos animados dura 90 minutos. Se necesitan 19 dibujos para cada segundo de película. ¿ ?

19 × 60 = 1.140

1.140 × 90 = 102.600

7. Un coche consume 14,5 litros de gasolina en 180 km. Si tiene que hacer 300 km, ¿ ?

14,5 : 180 = 0,08

0,08 × 300 = 24

8. Tres docenas de magdalenas pesan 774 g. ¿ ?

3 × 12 = 36	774 : 36 = 21,5

Actividades

PRACTICA

1. Dibuja una recta numérica con subdivisiones y sitúa en ella los números siguientes:

3,25 1,50 4,75 5,50

2,75 4,25 2,10 3,5

2. Indica qué número corresponde a cada letra de la recta numérica:

17,9 15 4,8 7,5

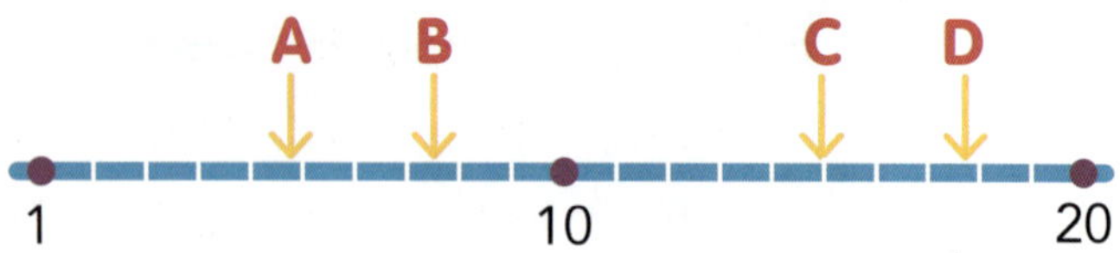

3. Copia en tu cuaderno y escribe el signo <, > o = según corresponda:

7,28 ■ 7,3 5,05 ■ 5,50 1,4 ■ 1,37

7,5 ■ 7,09 2,65 ■ 2,56 6,8 ■ 6,80

4. Redondea a las centésimas:

6,453 2,1161 20,199 13,009

4,025 50,857 6,2249

5. Coloca verticalmente y efectúa las siguientes operaciones:

12 + 8,536 + 315,9 85 – 13,57

5,13 × 207 0,239 × 2,8

6. Sabiendo que 239 × 28 = 6.692, escribe el resultado sin hacer cálculos:

2,39 × 28 0,239 × 2,8 23,9 × 0,28

7. Efectúa hasta que el resto sea cero:

134,45 : 5 12,915 : 3 280,92 : 12

8. Calcula y redondea los cocientes de estas divisiones hasta las centésimas:

154 : 23 1,325 : 7 54 : 13 176 : 4,3

24 : 84 77 : 12 124,54 : 2,7 18 : 56

APLICA

9. Utiliza las equivalencias y escribe las dimensiones siguientes en unidades del sistema métrico decimal:

EQUIVALENCIAS

1 pie = 0,3048 m

1 milla = 1,609 km

1 pulgada = 2,54 cm

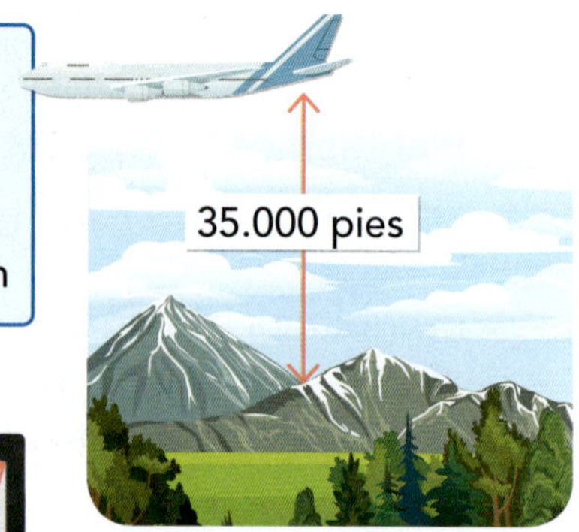

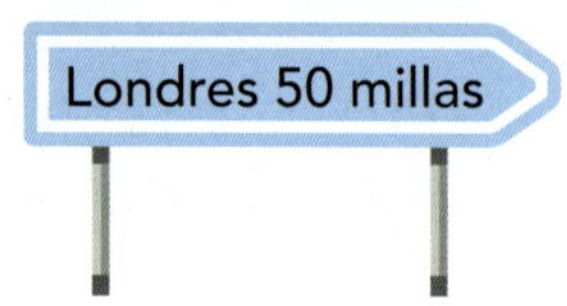

– ¿De cuántas pulgadas es un móvil cuya pantalla mide 11,43 centímetros?

10. Una caja de 100 chinchetas pesa 65 gramos. Si la caja pesa 15 gramos, ¿cuál es el peso de cada chincheta?

11. Una lancha de carreras debía realizar 2 vueltas en menos de 27,365 s para superar un récord. Tardó 13,591 s en la primera vuelta y 13,622 s en la segunda. ¿Por cuántos segundos superó el récord? ¿Cómo se lee ese tiempo?

12. El Sanguaro es de los cactus más grandes del planeta. Observa la fotografía y contesta:

- Compara el tamaño del cactus con la estatura de una persona, y estima la altura del cactus.
- Uno de los cactus más altos del mundo crece en Arizona (Estados Unidos) y mide 17,67 m. ¿Cuántos metros mide más que el de la fotografía?

PROFUNDIZA

13. Observa el tique de compra de la verdulería y calcula el importe de cada producto redondeando los precios a los céntimos:

VERDULERÍA PEPITA

	kg	euros/kg	total
alcachofas	1,070	2,25	■
pimientos	0,595	2,59	■
tomates	1,205	1,59	■
calabacín	1,150	3,49	■
patatas	2,050	0,96	■
		total	**11,85**

- Comprueba que el total es correcto.

14. Calcula en tu cuaderno y coloca las comas para que el resultado sea el que se indica:

594 + 152 = ■ (un poco más de 21)

5214 + 3158 = ■ (alrededor de 37)

4648 – 639 = ■ (un poco más de 40)

15. Andrea ha comprado 6 libretas y 12 lápices iguales. En total ha pagado 25,80 €:

- Si el precio de cada lápiz es de 0,28 €, ¿cuál es el precio de cada libreta?
- ¿Cuánto valdrían 12 libretas y 24 lápices? ¿Y 120 libretas y 240 lápices? Calcula los resultados mentalmente.

RAZONA

16. Haz estas multiplicaciones con la calculadora:

3 × 3

33 × 33

333 × 333

3.333 × 3.333

- Guarda la calculadora. ¿Cuál será el resultado de 33.333 × 33.333?

17. ¿Cuánto es el triple de cinco más dos? Carlos dice que 21, y José, 17:

- ¿Quién crees que tiene razón?
- Explica cómo ha razonado cada uno.

¡Ponte a prueba!

LA FALSA MONEDA

1. Tienes 6 monedas, pero una es falsa y pesa menos que las otras. Dispones de una balanza de platillos que solo te permite comparar pesos:

- ¿Cómo lo harías para identificar la moneda falsa con solo dos pesadas?
- Comenta la solución con tus compañeros y compañeras.

OTRA DE PALILLOS

2. En esta figura, hecha con 20 palillos, se pueden ver 9 cuadrados. ¿Los encuentras?

- Quita cuatro palillos de forma que queden solo 4 cuadrados iguales.

LOS ESLABONES DE LA CADENA

3. Tenemos 5 grupos de 3 eslabones cada uno y queremos hacer una sola cadena de 15 eslabones. Si para abrir un eslabón se necesitan 5 segundos y para cerrarlo 10:

- ¿Cuál es el menor tiempo necesario para terminar el trabajo?

CARAS PINTADAS

4. Pintamos las caras exteriores de un cubo formado por 27 cubitos. Completa la tabla en tu cuaderno con el número de cubitos que tienen las caras pintadas indicadas:

n.° de caras pintadas	n.° de cubitos
3	
2	
1	
ninguna	

Ya sé...

1. Indica en tu cuaderno qué número corresponde a cada letra:

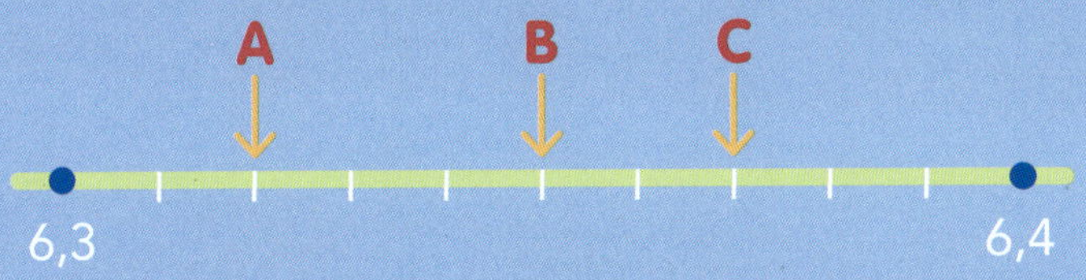

2. Ordena los números de menor a mayor:

8,77 | 8,807 | 8,089 | 8,980 | 8,708 | 8,978

3. Redondea los términos a las unidades y, después, haz el cálculo mentalmente:

70,12 + 8,761 | 9,854 – 7,26 | 1,98 × 8,81 | 900,125 : 99,87

4. Elisa ha comprado medio kilo de lentejas y ha pagado la compra con un billete de 5 €. Contesta en tu cuaderno:

- Si le han devuelto 2,15 €, ¿cuánto le ha costado?
- ¿Cuánto le costaría el kilo entero?

5. Hemos llenado un bidón con 35 garrafas de 6,5 L. ¿Cuántos litros caben en el bidón?

6. Copia las operaciones y pon las comas que faltan en los números destacados:

3,22 × 2,9 = **9338** | **526** × 1,8 = 94,68

0,41 × **124** = 0,5084 | 9,4 × **231** = 21,714

7. Una cooperativa agrícola ha recogido 5.250 kg de calabacines que distribuye en 750 bolsas de pesos aproximadamente iguales. Por la venta de todas las bolsas quiere obtener un total de 14.700 €. Responde:

- ¿Cuál es el peso aproximado de cada bolsa? Razónalo.
- ¿A qué precio deben vender cada bolsa?
- ¿A cuánto sale el kilo de calabacines?

8. Efectúa estas divisiones hasta obtener resto cero:

102,75 : 8,22 | 128 : 3,2 | 9 : 0,05

3,2 : 0,05 | 1,2 : 1,5 | 75 : 0,3

24,3 : 2,25 | 504 : 6,3

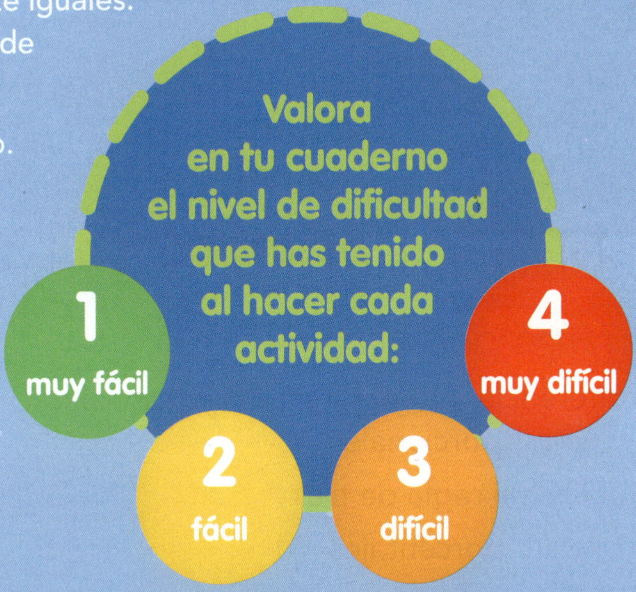

6 El aceite de oliva

Vas a aprender

LA PROPORCIONALIDAD Y A...

- diferenciar magnitudes proporcionales y no proporcionales
- utilizar la regla de tres
- calcular porcentajes
- intepretar las escalas

Visita a la almazara

La clase de Javier ha ido de excursión a un campo de olivos y después han visitado una almazara, donde les han explicado cómo se elabora el aceite de oliva desde que se recoge hasta que se envasa.

Aunque hoy en día se utilizan máquinas mucho más complejas, esencialmente el proceso es el mismo que en la antigüedad: se tritura la aceituna en un molino y se separa el residuo sólido del líquido.

En la almazara han podido ver un documental sobre todo el proceso de elaboración del aceite de oliva y han descubierto que, hace 4.000 años, ya se utilizaba el aceite de oliva como cosmético en el antiguo Egipto.

Al acabar la visita, les han dado un dosier con datos e información para trabajarlo en clase.

Pienso

- ¿Has visto alguna vez aceitunas en el olivo?
- ¿Sabes lo que significa *vareo* y qué relación tiene con vara o palo?

Me interesa

- ¿Sabes cuántos kilos de aceitunas se necesitan para fabricar un litro de aceite?

Reflexiono

- ¿Sabes cuál es el país que produce más aceite de oliva?
- ¿Todos los aceites son iguales?

Magnitudes proporcionales

Observa cómo diferenciamos entre magnitudes proporcionales y no proporcionales:

Proporcionales

Si 2 cruasanes cuestan 1,60 euros, ¿cuál es el precio de 1, 4 y 8 cruasanes?

n.º de cruasanes	2	1	4	8
precio (€)	1,60	0,80	3,20	6,40

(2 → 1: :2; 2 → 4: ×2; 4 → 8: ×2)

El número de cruasanes es proporcional a su precio.

No proporcionales

En esta tabla se muestra la relación entre la edad de una persona y su estatura:

edad (años)	2	4	6	8	10	11	12
estatura (cm)	85	100	114	128	138	144	151

Al doble de edad no le corresponde el doble de estatura. La estatura de una persona no es proporcional a su edad.

Dos magnitudes son **proporcionales** cuando al aumentar o disminuir una de las dos (el doble, el triple..., la mitad, un tercio...), la otra aumenta o disminuye de la misma forma (el doble, el triple..., la mitad, un tercio...).

1. Observa las marcas de un atleta y contesta:

- ¿Hay relación de proporcionalidad entre la distancia recorrida y el tiempo?
- Con los datos del enunciado, ¿puedes conocer su marca de 800 m lisos?

100 m lisos → 10,09 s
200 m lisos → 19,32 s
400 m lisos → 43,18 s

2. Completa la tabla de precios de barras de pan en tu cuaderno:

n.º barras	4	2	6	8	16	10	40
precio (€)	3,40						

(4 → 2: :2; 2 → 6: ×3; 4 → 8: ×2; 8 → 16: ×2)

- Explica cómo has obtenido el precio de 10 barras.
- ¿Podrías hacerlo de otra forma? Recuerda que 10 = 8 + 2.
- Explica dos formas de conseguir el precio de 40 barras.
- Calcula mentalmente el precio de 80 barras.

3. Con 100 kg de trigo se obtienen 75 kg de harina. ¿Cuántos kilos de harina se obtienen con 200 kg de trigo?

4. Una caja de 15 kg de manzanas cuesta 27 €. Copia y completa la tabla de proporcionalidad y responde:

(15 → 5: :3; 15 → 30: ×2; 30 → 3: :10)

Peso (kg)	5	15	30	3
Precio (€)		27		

– ¿Cuánto cuestan 5 kg de manzanas?
– ¿Cuánto costarían 30 kg? ¿Y 3 kg?
– Calcula mentalmente el precio de 50 kg.

5. Una furgoneta que circula a velocidad constante ha tardado 5 min en recorrer 8 km. Completa la tabla en tu cuaderno y responde a las preguntas:

(15 → 5: × ▭; 8 → 48: × ▭)

tiempo (min)	5	15	
distancia (km)	8		48

– ¿Qué distancia recorrerá la furgoneta en 15 min?
– ¿Cuánto tardará en recorrer 48 km?

6. Con 1 kg de pintura puede pintarse una superficie de 4,5 m^2. Los botes son de 3 kg y de 5 kg:

– ¿Qué superficie podemos pintar con un bote de 3 kg? ¿Y con uno de 5 kg?
– ¿Cuántos botes comprarías para pintar una pared de 32 m^2 de forma que sobre la menor cantidad de pintura posible?
– Construye una tabla de proporcionalidad con los datos del problema.

7. Un paquete de 250 hojas tiene un grosor de 3 cm. Completa la tabla en tu cuaderno y responde:

(250 → 500: × ▭; 3 → 1,5: : ▭)

n.º de hojas	250	500		1.000
grosor (cm)	3		1,5	

– ¿Qué grosor tendrá uno de 500 hojas?
– ¿Cuántas hojas tiene un paquete de 1,5 cm de grosor?

cálculo mental

Multiplicar por 10. 15,2 × 10; 5,72 × 10; 0,80 × 10; 4,35 × 10; 0,3 × 10; 2,1 × 10; 89,3 × 10.

Reducción a la unidad

Si 5 sesiones de karts han costado 75 euros. ¿Cuánto costarán 7 sesiones?

Ningún número natural multiplicado por 5 da 7. Tenemos que calcular el precio de una sesión y, después, multiplicar el resultado por 7.

n.º sesiones	precio (€)
5	75 €
1	15 €
7	105 €

(:5 de 5 a 1; ×7 de 1 a 7)

Debemos hacer:

$$\frac{75}{5} \times 7 = 105$$

7 sesiones cuestan 105 euros.

8. Con 5 L de leche se elaboran 540 g de queso. Completa la tabla en tu cuaderno y responde:

(:5 de 5 a 1; ×8 de 1 a 8)

leche (L)	5	1	8	15
queso (g)	540			

– ¿Cuántos gramos de queso se elaborarán con 8 L de leche?

– ¿Y con 15 L de leche? Calcúlalo de dos formas diferentes y completa la tabla en tu cuaderno.

9. Un melón que pesa 2,3 kg cuesta 5,75 €. ¿Cuánto vale un melón de 4,5 kg? ¿Y uno de 3,2 kg?

10. Media docena de huevos cuesta 1,26 €. Contesta:

– ¿Cuál es el precio de 15 huevos?

– Calcula, de dos maneras, el precio de 30 huevos.

11. Si 3 entradas de teatro valen 37,50 €, ¿cuánto valen 5 entradas? Explica en tu cuaderno cómo has resuelto el problema.

12. En 8 días, un reloj se ha retrasado 2 minutos. ¿Cuánto se retrasará en 60 días?

13. Después de dar 5 vueltas al circuito de Montecarlo, los coches han recorrido 16,7 km. ¿Cuántos kilómetros han recorrido después de 78 vueltas?

Regla de tres

▶ La regla de tres

Con 100 kg de harina se elaboran 125 kg de pan. ¿Cuántos kilos de pan se obtendrán con 75 kg de harina?

	kg de harina	kg de pan	
	100	125	
: 100	1	1,25	: 100
× 75	75	93,75	× 75

Con 1 kg de harina: $\frac{125}{100} = 1{,}25$ kg de pan

Con 75 kg de harina: $\frac{125}{100} \times 75 = 93{,}75$ kg de pan

En la práctica se resuelve así:

kg de harina	kg de pan
100	125
75	X

$$X = \frac{75 \times 125}{100} = 93{,}75$$

Se obtienen 93,75 kg de pan.

14. Con 4 kg de harina se elaboran 20 barras de pan de 250 g. Con 25 kg de harina, ¿cuántas barras de 250 g pueden elaborarse?

15. Al evaporarse 970 litros de agua de mar se obtienen 32 kg de sal. ¿Cuántos litros de agua se necesitan para obtener 100 kg de sal?

16. Si 100 gramos de jamón cuestan 3,12 €, ¿cuánto costarán 350 g? ¿Y 1.450 g?

17. Si 5 monedas de 2 € pesan 42,5 g, ¿cuánto pesan 12 monedas de 2 €?

18. Un coche consume 5,6 litros de gasolina cada 100 km. ¿Cuántos litros consumirá en 325 km?

19. Si 3 kilos de peras cuestan 5,25 €. ¿Cuánto valen 5 kg? ¿Y 7,5 kg?

Cálculo mental

Multiplicar por 100. 2,67 × 100; 23,45 × 100; 1,90 × 100; 0,57 × 100; 1,24 × 100; 0,4 × 100; 6,2 × 100.

Porcentajes

El 22 % de los residuos domésticos son de papel y cartón. El 15 % de la basura es plástico y metal. El 7 % es vidrio. Las expresiones 22 %, 15 % y 7 % son **porcentajes**. Observa lo que significan:

residuos	porcentaje	se lee	significado
papel y cartón	22 %	22 por ciento	de 100 kg, 22 son de papel y cartón
plástico y metal	15 %	15 por ciento	de 100 kg, 15 son de plástico y metal
vidrio	7 %	7 por ciento	de 100 kg, 7 son de vidrio

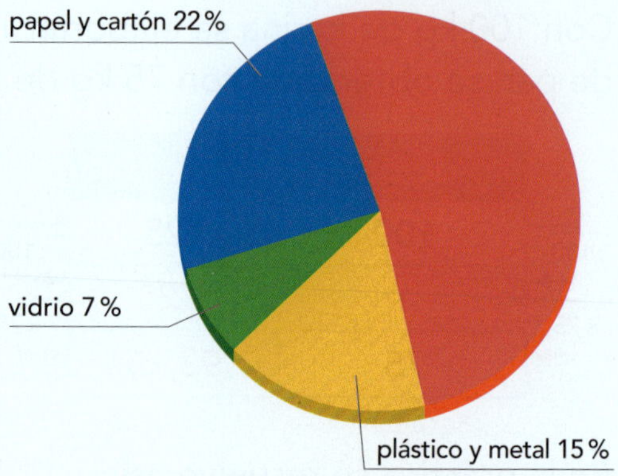

Los porcentajes pueden expresarse de varias maneras:

porcentaje	significado	fracción	n.° decimal
22 %	22 de cada 100	$\frac{22}{100}$	0,22

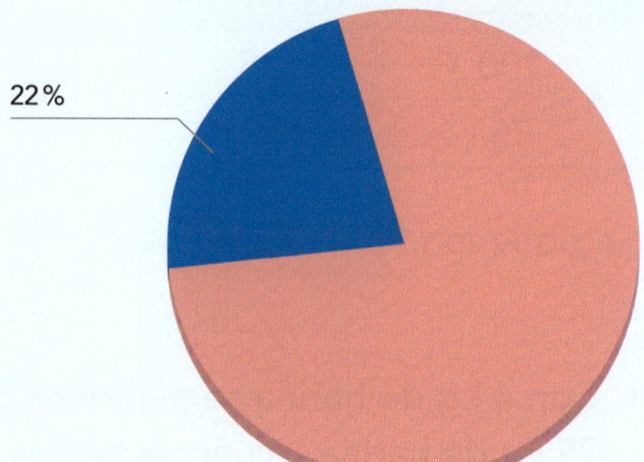

22 % se lee 22 por ciento.

20. Copia y completa esta tabla en tu cuaderno:

porcentaje	significado	fracción	n.° decimal
23 %	▬	▬	▬
▬	50 de cada 100	▬	▬
▬	▬	$\frac{15}{100}$	▬
▬	100 de cada 100	▬	▬

21. Escribe en forma de porcentaje:

quince por ciento — uno por ciento — ochenta por ciento

22. Indica cómo se leen estos porcentajes:

26 % — 70 % — 8 % — 34 % — 21 % — 54 %

23. Expresa estas frases con porcentajes:

– De cada 100 € que gastamos en la compra, 10 € son para envases.
– De cada 100 habitantes del mundo, 61 viven en Asia.

24. Observa los dos métodos que utilizamos para resolver problemas de porcentajes:

El agua es el componente más abundante del cuerpo humano, ya que corresponde al 70 % de nuestro cuerpo. Calcula el peso del agua que tiene una persona de 85 kg.

Método 1

$70\,\%$ de $85 = \frac{70}{100}$ de $85 =$

$= \frac{70 \times 85}{100} = 59{,}5$

Método 2

$70\,\%$ de $85 = \frac{70}{100} \times 85 =$

$= 0{,}7 \times 85 = 59{,}5$

Ten en cuenta...

Para calcular el porcentaje de una cantidad, multiplicamos la cantidad por el número que indica el porcentaje y se divide el resultado entre 100.

– Calcula los siguientes porcentajes o tantos por ciento:

30 % de 600 | 8 % de 125 | 12 % de 750 | 15 % de 180

25. En el envoltorio de una tableta de chocolate leemos que el 70 % es cacao. ¿Cuánto cacao contiene una tableta cuyo peso es de 250 g?

26. El 99 % del peso de una medusa es agua. La medusa Nomura pesa 220 kg. ¿Cuántos kilos de agua tiene esta medusa?

27. Una ardilla mide 35 centímetros, pero el 41 % de esta longitud corresponde a la cola:

– ¿Cuántos centímetros mide la cola?

– ¿Qué porcentaje corresponde al cuerpo?

28. Hemos pagado el 20 % del precio de un coche al contado. Pagamos el resto en 48 plazos de 234,30 € cada uno:

– ¿Qué cantidad pagamos al contado?

– ¿Cuánto nos ha costado el coche?

29. En un municipio de 25.700 habitantes el 52 % son mujeres. ¿Cuántos hombres y cuántas mujeres viven en el municipio?

30. En una clase de 30 alumnos el 40 % son chicos. ¿Cuántos chicos y chicas hay en la clase?

31. En un parque infantil hay 1.250 bolas. El 32 % son rojas; el 18 %, verdes; el 26 %, azules; el 10 %, blancas; y el 14 %, rosas. ¿Cuántas bolas hay de cada color?

32. En un colegio de 720 alumnos el 15 % usa gafas. ¿Cuántos alumnos no usan gafas?

Cálculo mental

Multiplicar. 5 × 4 × 7; 6 × 5 × 2; 2 × 5 × 9; 2 × 3 × 8; 4 × 2 × 9; 3 × 3 × 4; 2 × 2 × 6; 2 × 3 × 8.

Problemas de porcentajes

Observa cómo se calculan descuentos e incrementos:

Descuentos

En una tienda de deportes hacen rebajas. ¿Cuánto cuesta un monopatín que tiene un 30% de descuento y que antes de las rebajas costaba 68 €?

Calculamos el descuento:

$$30\ \% \text{ de } 68 = \frac{30}{100} \text{ de } 68 =$$

$$= 0{,}3 \times 68 = 20{,}40$$

Al precio inicial hay que restarle los 20,40 € de descuento:

$$68 - 20{,}40 = 47{,}60$$

El monopatín cuesta 47,60 €.

Incrementos

En muchas facturas se realiza la suma parcial antes de añadir el IVA. Calcula el importe total de una factura a la que hay que añadir un 21 % de IVA y cuyo precio sin IVA es de 31 €.

Calculamos el incremento:

$$21\ \% \text{ de } 31 = \frac{21}{100} \text{ de } 31 =$$

$$= 0{,}21 \times 31 = 6{,}51$$

Al precio inicial hay que sumarle los 6,51 € de incremento:

$$31 + 6{,}51 = 37{,}51$$

El importe total es de 37,51 €.

33. Los precios de los siguientes artículos se rebajan un 20 %. Copia y completa esta tabla en tu cuaderno:

artículo	precio inicial	descuento	precio final
móvil			
tableta			
ordenador			
coche teledirigido			
auriculares			

34. Calcula en tu cuaderno los precios que faltan y el total de la factura:

Autopistas ACA

Recibo n.° 0071. Salida 5. Vía Sur Categoría 02

- Importe 6,55 €
- 21 % IVA ▭ €

TOTAL ▭ €

22 oct., 17:15 h ¡Buen viaje!

35. En 2017, el Museo Picasso de Barcelona recibió un 9,5 % más de visitantes que el año anterior. Si durante el año 2016 recibió 954.800 visitantes, ¿cuántos recibió en 2017?

36. Un paquete contiene 250 gramos de café y cuesta 2,55 €. El fabricante hace una promoción que consiste en aumentar un 15 % el peso del paquete sin modificar el precio:

– ¿Cuánto pesa el nuevo paquete?
– ¿Qué diferencia de precio hay entre 1 kg de café sin promoción y con promoción?

37. En un comercio se han modificado todos los precios aplicando un descuento del 15 %. Sin embargo, algunas etiquetas contienen errores. Corrígelos en tu cuaderno:

~~24,04 €~~
20,43 €

~~9,12 €~~
7,79 €

~~1,56 €~~
1,35 €

~~4,68 €~~
3,98 €

38. Miguel compra un reloj de 35 € y una pulsera de 18,50 €. Si le hacen un descuento del 20 % y paga con un billete de 50 €, ¿cuánto han de devolverle?

39. En la compra de un lavavajillas nos descuentan el 12 %, lo que supone un ahorro de 105 €. ¿Cuál es el precio del lavavajillas sin rebaja? Utiliza la regla de tres para resolverlo:

precio inicial	100 %	X €
descuento	12 %	105 €

40. A finales de 2017, 3.766.000 españoles no tenían trabajo. Si el número de desocupados disminuyó un 13 % durante el año siguiente, ¿cuántos desocupados había en España a finales de 2018?

41. Un comerciante vende un televisor que vale 540 € y rebaja el precio un 10 %. Al cabo de un mes, sube el precio un 10 %:

– ¿Cuál es el precio final del televisor?
– Explica, con tus propias palabras, por qué no coincide con el precio inicial.

cálculo mental **Dividir.** 150 : 3; 240 : 6; 480 : 8; 300 : 5; 180 : 9; 200 : 4; 320 : 8; 490 : 7; 250 : 5; 280 : 4.

Escalas

Fíjate en el mapa. ¿Cuál es la distancia real y en línea recta entre Segovia y Calatayud?

En el mapa, la distancia entre las dos ciudades es de 4,5 cm. La escala 1:4.537.000 indica que 1 cm del mapa representa 4.537.000 cm en la realidad.

Por tanto:

distancia en el mapa (cm)	1	4,5
distancia real (cm)	4.537.000	X

$$X = \frac{4.537.000 \times 4,5}{1} = 20.416.500$$

La distancia real es de 20.416.500 cm, es decir, 204,2 km.

42. La distancia en línea recta entre dos pueblos es de 25 km en la realidad, y en un mapa de la zona, de 20 cm. ¿Cuál es la escala del mapa?

distancia en el mapa (cm)	20 cm	1
distancia real (cm)	25 km = ▢ cm	X

43. El Airbus A380 es uno de los aviones comerciales más grandes del mundo. Mide 72,7 m de longitud y 24,1 m de altura. Calcula las dimensiones de una maqueta de este avión a escala 1:150.

44. La escala de un plano es de 1:100. Una habitación mide 5 m de largo por 3,5 m de ancho. Calcula:

– Las medidas de la habitación en el plano.
– El área de la habitación.

45. En un plano de una ciudad a escala 1:10.000, la distancia entre dos parques es de 25 cm. ¿Cuál es la distancia real entre ellos?

46. Se ha hecho un dibujo de un componente electrónico a escala 8:1. Haz las siguientes actividades:

– Explica a los compañeros y compañeras qué significa esto.
– Si el componente mide 0,3 cm de longitud en la realidad, ¿qué longitud tiene en el dibujo?

Cálculo mental **Sumar.** 36 + 56; 79 + 19; 28 + 38; 66 + 16; 47 + 27; 59 + 29; 34 + 64; 45 + 35; 19 + 49.

47. Estas maquetas son reproducciones a escala de medios de transporte reales. Calcula las dimensiones reales y expresa el resultado en metros:

a Mare Nostrum, pesquero de arrastre:

Escala 1:35
Longitud: 41 cm
Altura: 27 cm

b Goleta armada El Mistral:

Escala: 1:35
Longitud: 745 mm
Altura: 604 mm

c Locomotora 333 de Renfe:

Escala: 1:160
Longitud: 130 mm
Altura: 25 mm

d Locomotora 253 de Renfe:

Escala: 1:87
Longitud: 118 mm
Altura: 49 mm

48. La distancia entre Madrid y Burgos es de 243 km. Si en un mapa la distancia entre ambas ciudades es de 8,1 cm, calcula a qué escala está dibujado el mapa.

49. En un mapa a escala 1:50.000, la distancia entre dos pueblos, *A* y *B*, es de 11 cm, y la distancia real entre los pueblos *C* y *D* es de 3,75 km. Calcula:

– ¿Cuál es la distancia real entre *A* y *B*?
– ¿A qué distancia estarán en el mapa *C* y *D*?

50. Se ha dibujado el plano de una habitación cuyas dimensiones son 9 m de largo y 6 m de ancho. Si en el plano el largo de la habitación es de 12 cm, ¿a qué escala está dibujado el plano? ¿Cuál es el ancho de la habitación en el plano?

51. Una maqueta de La Torre de Hércules (A Coruña) está hecha a escala 1:500. Si la torre mide 55 m, ¿cuál será la altura de la torre en la maqueta?

– Esta torre y faro es el tercero en altura de España después del Faro de Chipiona, de 62 m, y del Faro de Maspalomas, de 60 m. Ahora, calcula la altura de estos faros, teniendo en cuenta que la escala de su maqueta es 1:25.

¡No te olvides de pasar por el Gimnasio para practicar algunos ejercicios! ¡clic! ¡clic!

PRODUCCIÓN DE ACEITE

En el dosier que les dieron en la almazara hay mucha información sobre las aceitunas y la elaboración del aceite.

La aceituna es el fruto del olivo.

Recolección de la aceituna por vareo.

Lavado de las aceitunas antes de triturarlas.

La pasta, una vez triturada, se bate para facilitar la separación del aceite.

Al final del proceso se obtiene el aceite, producto básico en la dieta mediterránea.

La palabra *aceite* tiene su origen en el árabe *azzáyt*, que significa "el jugo de la aceituna".

1. Copia y completa la tabla que relaciona los litros de aceite con los kilos de aceitunas:

litros de aceite	kilos de aceitunas
1	5
2	10
3	■
10	■
■	60
■	1.500

2. Para obtener 100 L de aceite se necesitan 500 kg de aceitunas. ¿Cuántos kilos se necesitan para obtener el doble de aceite? Haz el cálculo mentalmente.

3. ¿Cuántos litros de aceite se pueden obtener con 2 toneladas de aceitunas? ¿Cuántos kilos de aceite son si un litro pesa 0,91 kg?

4. Observa los datos de los tres tipos de aceitunas y calcula cuántos kilos de aceite se obtienen de una tonelada de cada tipo de aceituna:

El fruto es de tamaño medio o grande. Tiene un peso medio de 3,2 gramos y proporciona un alto rendimiento en la producción de aceite, que alcanza el 27 % de su peso.

El tamaño de su fruto es el menor de las variedades cultivadas en España, entre uno y dos gramos. El rendimiento en la producción de aceite es del 20,5 % de su peso.

La aceituna tiene un peso elevado de más de 6 gramos y una forma esférica.
El rendimiento en la producción de aceite es del 17 % de su peso.

5. Si tenemos 200 kg aceitunas de cada variedad, ¿en cuál habrá más olivas? ¿Y en cuál habrá menos? Explica tu razonamiento.

6. Observa el gráfico de los tres principales productores de aceite de oliva del mundo y responde:

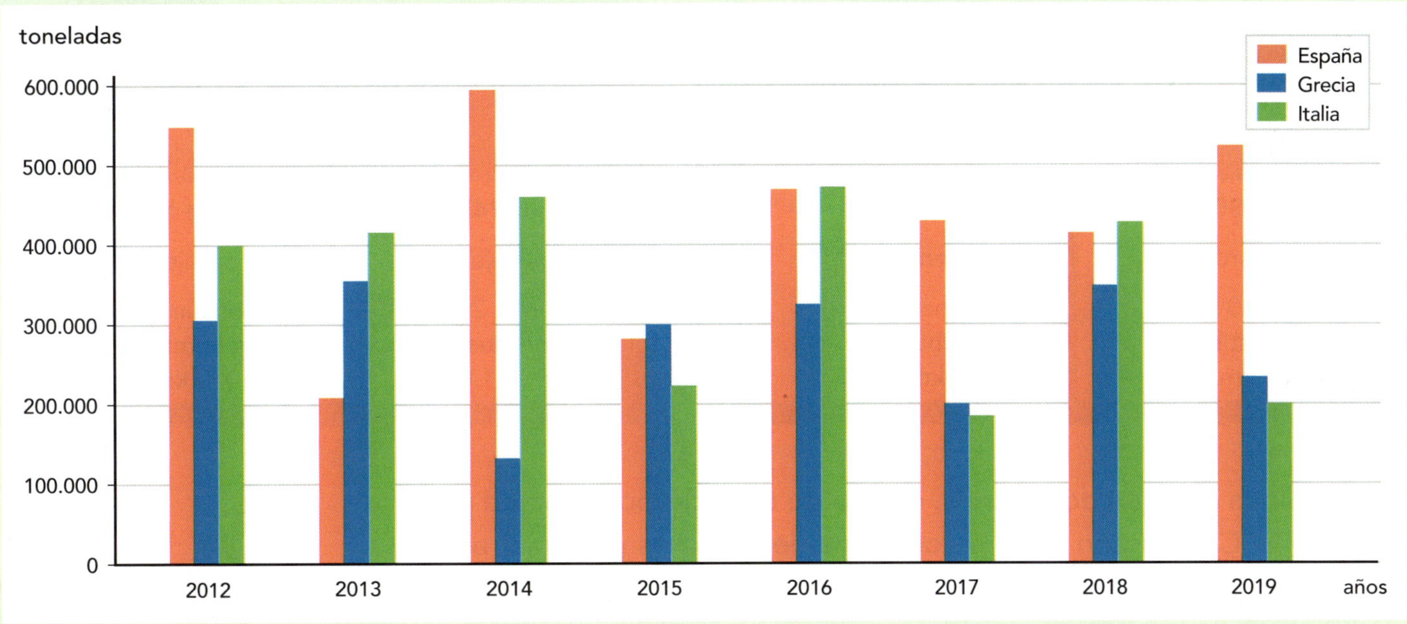

– ¿Podemos afirmar que España es el principal productor de aceite del mundo?
– ¿En qué años se produjeron más de medio millón de toneladas de aceite en España? ¿En qué años la producción en España fue superada por la de Italia?
– ¿Cuál fue el peor año de producción en Grecia?
– Escribe el orden de producción de los tres países del gráfico en el año 2013. Haz lo mismo para el año 2015.

Cálculo mental

Calcular el 50 % y el 25 %.

50 % de 48 = 48 : 2 = 24

25 % de 76 = 76 : 4 = 19

50 % de 210	50 % de 50	25 % de 860
25 % de 4.000	25 % de 24	50 % de 700
50 % de 3.600	50 % de 620	25 % de 16
25 % de 100	50 % de 32	25 % de 1.000
25 % de 2.500	25 % de 1.000	50 % de 500
50 % de 6.000	25 % de 400	50 % de 2.800

Actividad cooperativa

Para comparar el consumo de combustible de diferentes medios de transporte, lo expresamos en litros por pasajero cada 100 km. Observad estas fichas:

Grupo A

Airbus A380

656 pasajeros

Gasta 2.230 L de combustible cada 100 km.

Todoterreno

4 pasajeros

Consume 98 L de combustible en 500 km.

Grupo B

Boeing 747-8

581 pasajeros

Necesita 20.335 L de combustible para recorrer 1.000 km.

Coche híbrido

5 pasajeros

Consume 38 L de combustible en 1.000 km.

1. Dividid la clase en dos grupos, dentro de cada grupo, trabajad por parejas. Cada grupo debe escoger una de las fichas y calcular el consumo de cada medio de transporte en "litros por pasajero cada 100 km" de la opción escogida.
2. Exponed al resto de la clase el consumo y comparadlo con el de otros grupos.
3. Debatid, entre toda la clase, qué transporte os parece mejor, argumentando las ventajas e inconvenientes que tiene cada uno de ellos.

Resolución de problemas

Aprenderás a... distinguir los datos necesarios de los que no lo son.

Estos problemas tienen información excesiva. Analiza los enunciados, separa los datos necesarios de los que no lo son y resuelve en tu cuaderno.

1. Sandra ha comprado 4 bandejas de pimientos a 3,35 € cada una y 2 botes de aceitunas a 1,79 € cada uno. Ha pagado con 20 € y le han devuelto 3 € y 2 céntimos. ¿Cuánto le ha costado la compra?

Datos necesarios: ▢

Datos innecesarios: ▢

Solución: ▢

2. Un ciclista recorre un circuito en 35 min y 40 s y otro en 38 min y 12 s. Si van a la misma velocidad, ¿cuánto tardará el primer corredor en dar 3 vueltas?

Datos necesarios: ▢

Datos innecesarios: ▢

Solución: ▢

3. Una persona que nació en 1966 tuvo una hija en el año 1989 y un hijo en 1996. ¿Qué edad tenía cuando nació su hija?

Datos necesarios: ▢

Datos innecesarios: ▢

Solución: ▢

4. En una caja hay 38 bolas. La mitad son azules, 10 son blancas, 4 son verdes y el resto son rojas. Todas las bolas pesan igual y, en total, 1,33 kg. ¿Cuánto pesan las bolas azules?

Datos necesarios: ▢

Datos innecesarios: ▢

Solución: ▢

5. Un depósito tiene 180 litros de agua. El 25 % se utiliza para llenar garrafas de 5 litros y el 10 % para llenar botellas de 1,5 litros. ¿Cuántos litros quedan todavía en el depósito?

Datos necesarios: ▢

Datos innecesarios: ▢

Solución: ▢

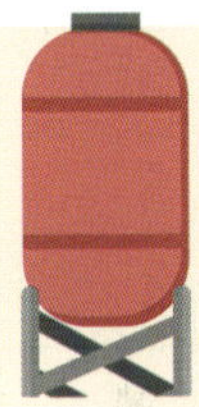

6. En un frasco hay 180 mL de jarabe. Luis tiene que tomar 4,5 mL cada 8 horas. ¿Cuántas dosis puede tomar con el contenido de todo el frasco?

Datos necesarios: ▢

Datos innecesarios: ▢

Solución: ▢

Actividades

PRACTICA

1. En la tabla aparece la edad y el peso de un bebé. ¿Puedes calcular su peso a los 8 meses? Justifica tu respuesta:

edad (meses)	peso (kg)
1	4
2	4,7
4	6,2
8	

2. ¿Hay relación de proporcionalidad en estas tablas? En caso afirmativo, completa los espacios vacíos en tu cuaderno:

n.º de paquetes	n.º de hojas papel
1	500
2	1.000
3	
4	2.000
	4.000
10	
7	

n.º de fotocopias	precio (euros)
5	0,12
10	0,24
15	0,36
20	0,48
35	
40	
45	

3. Escribe estas frases utilizando porcentajes:

- De cada 100 árboles que se talan, 30 se utilizan para la fabricación de papel.
- Solo 3 de cada 100 teléfonos móviles desechados se llevan a puntos de reciclaje.
- De cada 100 personas, 45 viven en ciudades y 55 en zonas rurales.
- Solo 2 de cada 100 kg de papel usado se reciclan.

4. Calcula:

75% de 1.200 | 60 % de 41,25

2,5% de 280 | 32 % de 7,1

5. Relaciona en tu cuaderno cada porcentaje con la fracción y con el número decimal que le corresponde:

50 % | 25 % | 75 % | 10 %

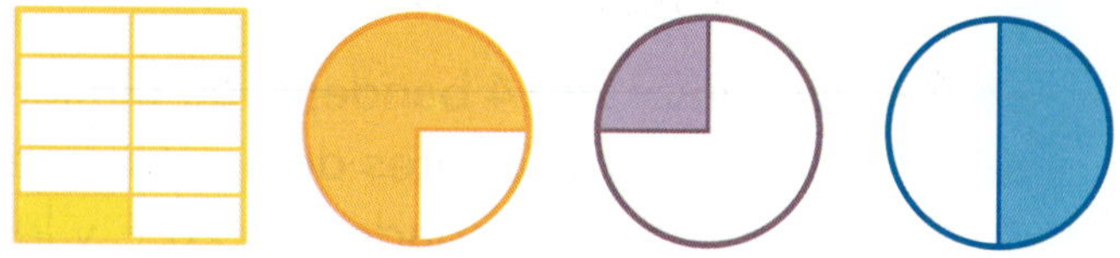

$\frac{1}{10}$ | $\frac{3}{4}$ | $\frac{1}{4}$ | $\frac{1}{2}$

0,75 | 0,1 | 0,5 | 0,25

6. Copia estas tablas y complétalas:

rebajas del 30 %		
precio (€)	descuento (€)	precio final (€)
100	30	70
200		
300		
50		

aumentos del 10 %		
precio (€)	aumento (€)	precio final (€)
100	10	110
200		
300		
50		

APLICA

7. Una locomotora de vapor consumía 500 kg de carbón en 100 km. ¿Cuántos kilos consumía en un trayecto de 65 km?

8. Margarita da 25 pasos para recorrer 15 metros. ¿Qué distancia recorrerá después de 75 pasos?

9. Para fabricar 1 kg de queso roquefort se necesitan 5 L de leche. ¿Cuántos kilos de queso podremos fabricar con 300 litros de leche?

10. Un tren ha recorrido 25 km en 5 min. ¿A qué velocidad viaja en kilómetros hora?

11. Un vehículo circula a 80 km/h. ¿Cuánto tiempo necesita para recorrer 20 km?

12. El precio de un billete de autobús era de 2,10 € y ha subido el 15 %. ¿Cuánto cuesta ahora?

13. Una maqueta del templo de la Sagrada Familia de Barcelona está hecha a escala 1:50. Si en la maqueta la torre central del templo mide 345 cm, ¿cuál será la altura de la torre en la realidad?

PROFUNDIZA

14. Fíjate en el consumo de gasolina de un coche en 100 km y completa la tabla en tu cuaderno:

a 90 km/h → 5,8 litros

a 120 km/h → 7,4 litros

en circuito urbano → 10,5 litros

distancia recorrida (en km)	50	150	1.000
consumo a 90 km/h (en L)	▬	▬	▬
consumo a 120 km/h (en L)	▬	▬	▬
consumo en ciudad (en L)	▬	▬	▬

15. Observa la factura y explica cómo se obtienen los números señalados en rojo. Hay un error en los cálculos. Encuéntralo:

Cantidad	Precio	Concepto	Total	Dto.	Neto
100	0,47	Carpeta dosier	47,00	10%	42,30
2	12,22	USB 64 Gb			24,44

TOTAL NETO	21 % IVA	TOTAL FACTURA
67,74	14,05	81,79

RAZONA

16. Juan ha pensado un número cualquiera y lo ha multiplicado por 3. Sin hacer operaciones, ¿cuál de los números de las tarjetas no lo puede haber obtenido de esta manera?

522 465 230 711

17. Calcula mentalmente: ¿cuántas horas es un cuarto de tercio de un medio de un día?

¡Ponte a prueba!

ADIVINANZAS CON DADOS

1. Toma un dado con los dedos pulgar e índice tal como indica la figura y contesta:
   - ¿Cuánto suman las caras que estás tocando con los dedos (caras opuestas)?
   - ¿Ocurre lo mismo en cualquier posición del dado?
   - ¿Qué conclusión puedes sacar?
   - Adivina los puntos de cada dado que están tocando la mesa. Después, compruébalo con dados reales (entrénate para adivinarlo rápidamente).

MÁS DIFÍCIL TODAVÍA

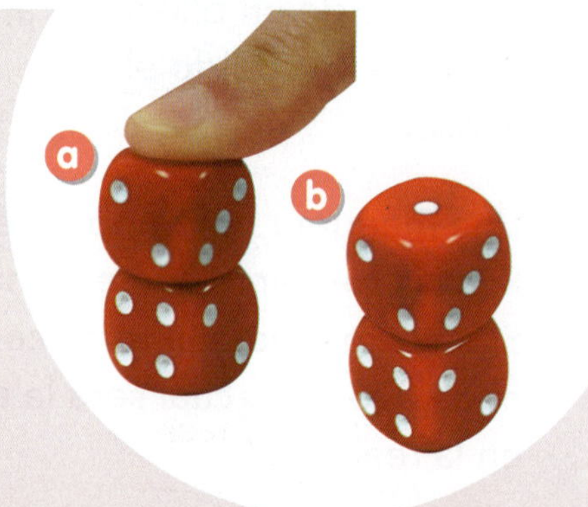

2. Coloca los dados tal y como indica la figura:
   - ¿Cuánto suman las caras que no pueden verse en los dos dados (dos caras de uno y dos de otro)?
   - Y si quitas el dedo, ¿cuánto suman las caras que no pueden verse?

3. Si hay tres dados y la cara superior es un 1, ¿cuánto suman las caras que no se ven? ¿Y si hay tres dados y la cara superior es un 5? Completa la tabla en tu cuaderno:

n.º dados	puntos en caras ocultas
1	7 menos la cara superior
2	▭ menos la cara superior
3	▭ menos la cara superior
4	▭
5	▭

   - En caso de que pudieras hacer una torre de 10 dados, uno encima de otro y en la cara superior hubiera un 1, ¿cuánto sumarían las caras que no se pueden ver?

Ya sé...

1. Clasifica en tu cuaderno las siguientes magnitudes en proporcionales o no proporcionales:

sacos de patatas y peso en kilos

metros de tela y precio

edad y peso

edad y número de calzado

2. Con 100 kg de grano de trigo se obtienen unos 60 kg de harina blanca. Completa la tabla en tu cuaderno:

trigo (kg)	harina (kg)
100	60
50	
200	
	180
	15

3. Hemos pagado 53,80 € por 2 entradas a un parque temático. ¿Cuánto costarán 5 entradas?

4. Un grifo llena un depósito de 30 L en 36 s. ¿Cuánto tiempo tardará en llenar uno de 50 L?

5. Calcula y completa en tu cuaderno los precios que faltan y el total de la factura:

LIBRERÍA JUVENIL

Récords Guinness	24,95 €
Enigmas de Egipto	
El tiburón	17,85 €
Total neto	63,65 €
Importe 4% IVA	
TOTAL	

6. Rosa ha comprado un jersey de 35 € y una blusa de 28 €. Si le hacen un descuento del 25 % y paga con un billete de 50 €, ¿cuánto tienen que devolverle?

7. La maqueta de un avión mide 48,5 cm de longitud y 16,1 cm de altura. Si la maqueta está hecha a escala 1:150, ¿cuáles son las dimensiones reales del avión?

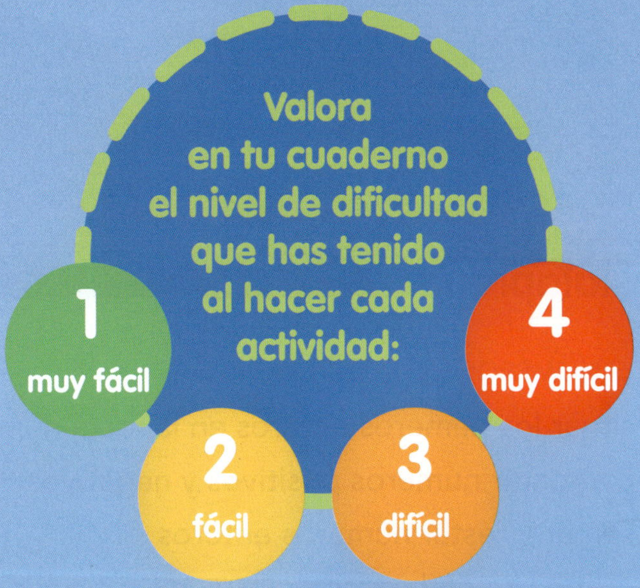

7 El desierto de Gobi

Vas a aprender

LOS NÚMEROS ENTEROS Y A...

- situar los números enteros en la recta numérica
- comparar números positivos y negativos
- sumar y restar números enteros
- orientarte en la cuadrícula y en los planos utilizando las coordenadas

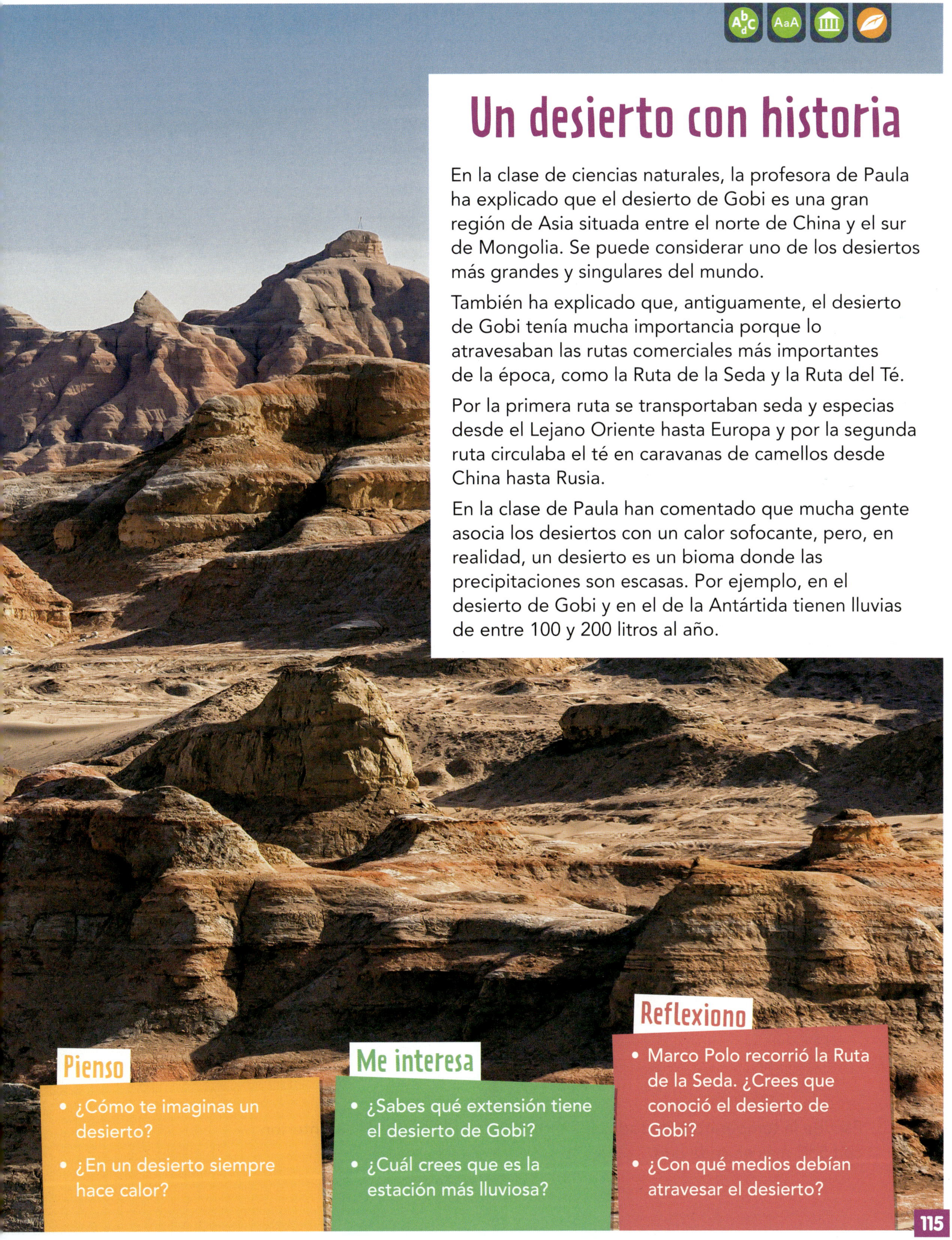

Un desierto con historia

En la clase de ciencias naturales, la profesora de Paula ha explicado que el desierto de Gobi es una gran región de Asia situada entre el norte de China y el sur de Mongolia. Se puede considerar uno de los desiertos más grandes y singulares del mundo.

También ha explicado que, antiguamente, el desierto de Gobi tenía mucha importancia porque lo atravesaban las rutas comerciales más importantes de la época, como la Ruta de la Seda y la Ruta del Té.

Por la primera ruta se transportaban seda y especias desde el Lejano Oriente hasta Europa y por la segunda ruta circulaba el té en caravanas de camellos desde China hasta Rusia.

En la clase de Paula han comentado que mucha gente asocia los desiertos con un calor sofocante, pero, en realidad, un desierto es un bioma donde las precipitaciones son escasas. Por ejemplo, en el desierto de Gobi y en el de la Antártida tienen lluvias de entre 100 y 200 litros al año.

Pienso

- ¿Cómo te imaginas un desierto?
- ¿En un desierto siempre hace calor?

Me interesa

- ¿Sabes qué extensión tiene el desierto de Gobi?
- ¿Cuál crees que es la estación más lluviosa?

Reflexiono

- Marco Polo recorrió la Ruta de la Seda. ¿Crees que conoció el desierto de Gobi?
- ¿Con qué medios debían atravesar el desierto?

Números enteros

Para indicar que una temperatura es mayor o menor que 0 °C se utilizan los signos **+** y **–** delante de un número natural.

Los números que se obtienen así se llaman **números enteros**.

Los termómetros de la derecha marcan + 17 ° y – 5 °:

17 grados sobre cero → + 17 °C es un número positivo.

5 grados bajo cero → – 5 °C es un número negativo.

> Los números **enteros positivos** se expresan con el signo **+**.
>
> Los números **enteros negativos** se expresan con el signo **–**.

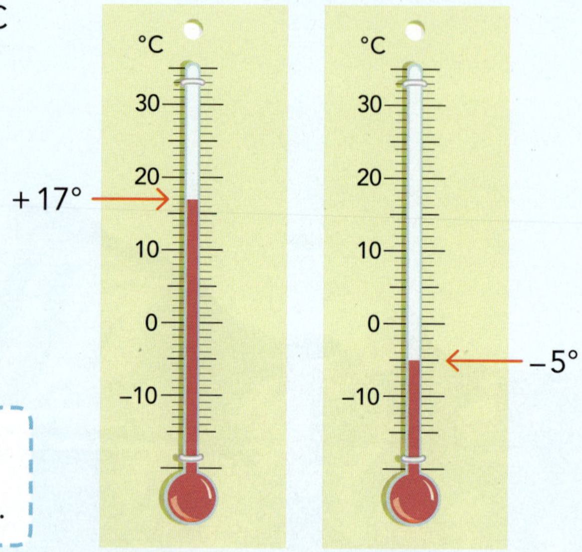

1. Escribe en tu cuaderno las temperaturas siguientes utilizando números positivos y negativos:

- En la Luna, la temperatura es de 120 grados durante el día y 170 grados bajo cero durante la noche.
- El oso polar está preparado para soportar temperaturas de cuarenta grados bajo cero.
- La temperatura de la atmósfera a 18 km de altura es de cien grados bajo cero.
- La temperatura media en la cima del monte Everest es de treinta y seis grados bajo cero.
- La temperatura del frigorífico de casa es de cuatro grados y la del congelador de quince bajo cero.

2. Indica en tu cuaderno las temperaturas que marcan estos termómetros:

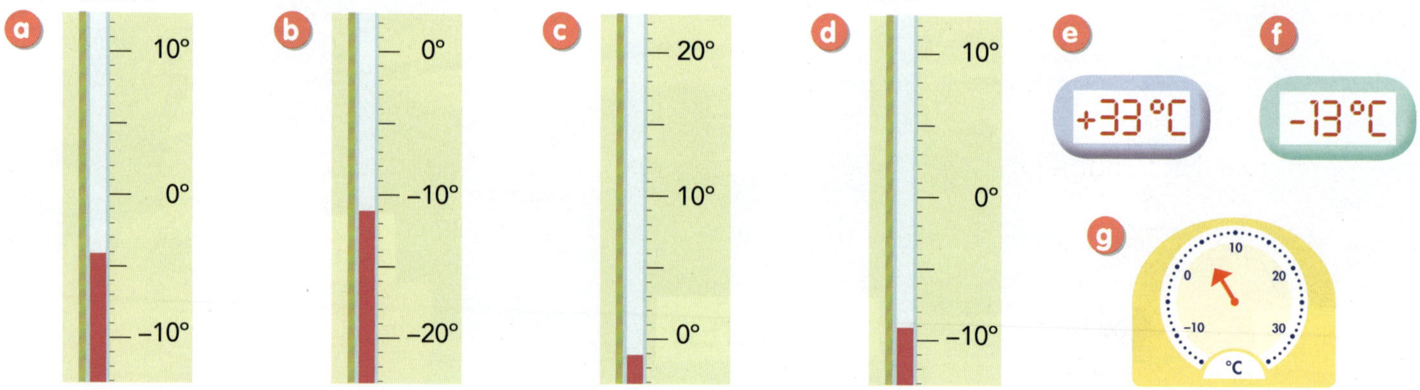

3. Escribe la temperatura de todos los termómetros de la actividad anterior con 5 °C más en cada uno.

Números enteros en la recta numérica

Positivos y negativos

Los números enteros se pueden representar en la recta numérica.
Fíjate en cómo representamos los números +4 y −5:

1. Trazamos una recta, situamos el cero y escribimos los números positivos a su derecha:

0 +1 +2 +3 +4 +5 +6

2. Escribimos los números negativos a la izquierda del cero:

−6 −5 −4 −3 −2 −1 0 +1 +2 +3 +4 +5 +6

3. Señalamos en la recta el + 4 y el −5:

−6 −5 −4 −3 −2 −1 0 +1 +2 +3 +4 +5 +6

4. Escribe en tu cuaderno a qué ciudad corresponde cada letra de la recta numérica:

Londres	Barcelona	Atenas	Túnez
+5 °C	+10 °C	+18 °C	+26 °C

Oslo	Moscú	Berlín	Quebec
−12 °C	−20 °C	−8 °C	−1 °C

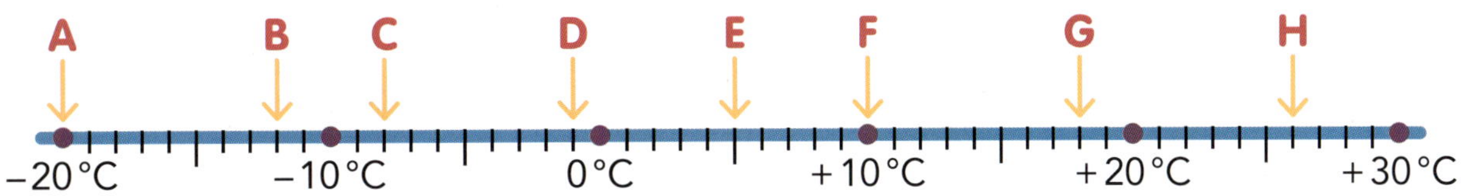

5. Indica a qué números corresponden los puntos señalados en las rectas siguientes:

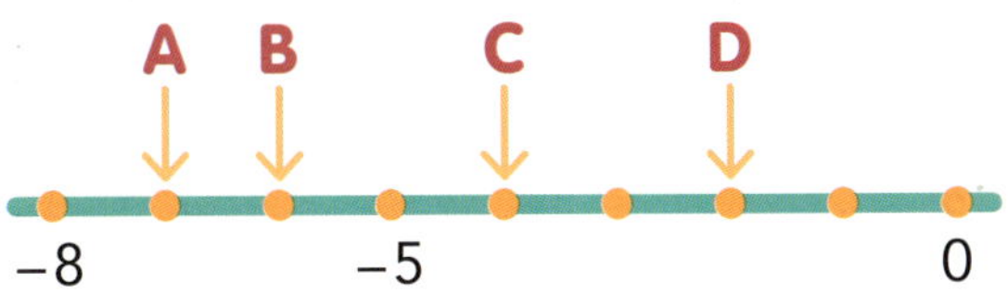

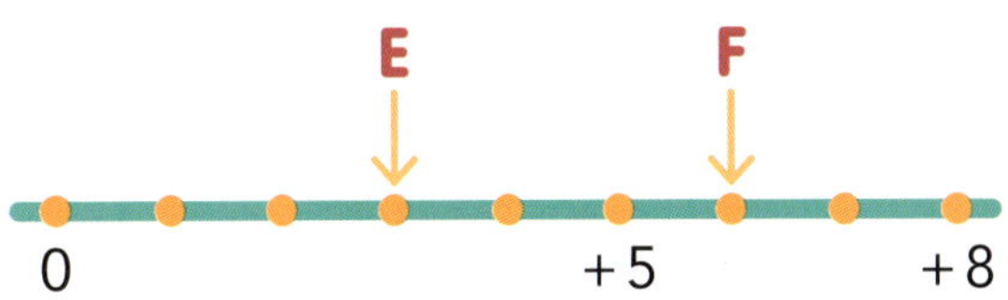

6. Dibuja una recta numérica en tu cuaderno y sitúa los siguientes números enteros:

+8 −15 +3 0 −10 −3 −5 +15

7. ¿Cuántos números hay entre el 0 y el +6? ¿Y entre el −6 y el 0? Razona en tu cuaderno el resultado.

Cálculo mental

Restar. 4 – 0,7; 6 – 0,5; 3 – 0,2; 7 – 0,9; 5 – 0,3; 2 – 0,8; 9 – 0,5; 5 – 0,6; 4 – 0,1; 7 – 0,4.

Comparación de números enteros

Los **números enteros** pueden compararse y ordenarse.

Observa de qué modo hemos colocado las temperaturas mínimas en la recta numérica y cómo las hemos ordenado de menor a mayor:

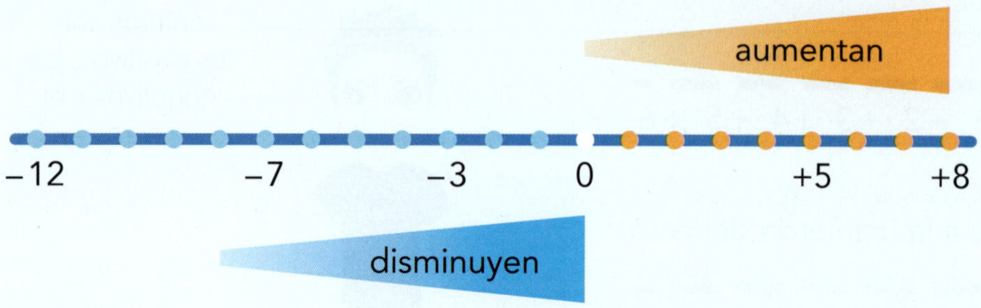

–12 < –7 < –3 < 0 < +5 < +8

El **menor** de dos números es el que aparece más a la **izquierda** en la recta numérica. Cualquier número negativo es menor que cualquier número positivo.

EL TEMPORAL AZOTA LA PENÍNSULA

Temperaturas mínimas

Alicante	8 °C	Barcelona	0 °C
Almería	5 °C	Burgos	–7 °C
Ávila	–12 °C	Madrid	–3 °C

8. Dibuja una recta numérica en tu cuaderno y sitúa los números siguientes en ella. Después, ordénalos de menor a mayor utilizando el signo <:

+3   –8   +5   –11   –3

–1   +9   +1   –6   +4

9. Escribe en tu cuaderno los seis términos siguientes de cada serie:

–15, –13, –11, ...   –5, –8, –11, ...   12, 10, 8, ...

25, 20, 15, ...   30, 20, 10, ...   –9, –6, –3, ...

Ten en cuenta...

Los números positivos se pueden escribir sin el signo +.

El número 0 nunca lleva signo.

10. Escribe, en cada caso, el signo < o > que corresponda:

1 ▢ –2	–1 ▢ 0	18 ▢ 8	–18 ▢ –8
–12 ▢ –4	7 ▢ +5	6 ▢ 0	–7 ▢ –5
–9 ▢ –24	–6 ▢ +2	–8 ▢ 8	6 ▢ –7

11. Ordena los siguientes números de menor a mayor utilizando el signo <:

5   –10   –7   3   –14   –2   10

12. Escribe un número en cada expresión para que sea cierta la comparación:

$1 > $ ■ $-5 > $ ■ $0 < $ ■ $-2 > $ ■ $4 < $ ■ $6 > $ ■

$-3 > $ ■ $-1 > $ ■ $0 > $ ■ $5 > $ ■ $-6 < $ ■ $-4 > $ ■

13. Indica en tu cuaderno si estas afirmaciones son verdaderas o falsas. Justifica las respuestas:

- El cero es mayor que cualquier número negativo.
- Un número negativo es mayor que los representados a su derecha en la recta.
- Cualquier número positivo es mayor que cualquier número negativo.
- $-6 > -2$ porque $6 > 2$.

14. Copia y completa la siguiente tabla en tu cuaderno:

número	■	12	■	−14	30	■
opuesto	−4	■	8	■	■	150

15. Relaciona las letras de la recta numérica que representan números opuestos entre ellos:

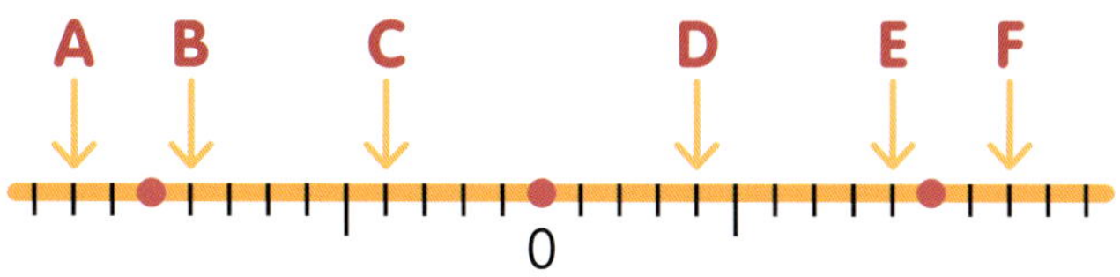

Ten en cuenta...

Los números enteros que están a la misma distancia del cero se llaman números opuestos.

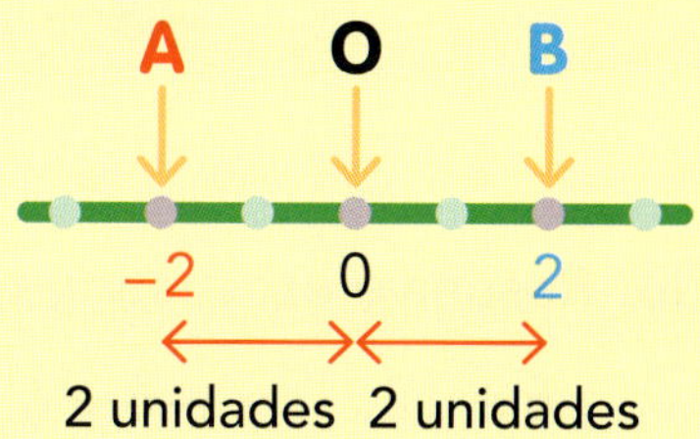

Decimos que −2 es el opuesto de 2 y que 2 es el opuesto de −2.

16. Indica en tu cuaderno si estas afirmaciones son verdaderas o falsas. Corrige las falsas:

- El opuesto de un número entero negativo es negativo.
- La distancia entre un número entero y su opuesto es el doble que la distancia entre uno de los números y el cero.
- El opuesto de cero es cero.
- El opuesto de un número entero positivo es un número entero negativo.
- Un número que está situado a cinco unidades del cero es el −5.
- Entre el −4 y el 4 hay ocho unidades.
- El opuesto de −2 está a dos unidades del cero.

17. El sábado, en una estacion de esquí, se registró una temperatura de 6 grados bajo cero. Al día siguiente subió dos grados. ¿Qué temperatura hizo el domingo?

cálculo mental

Sumar. 5 + 2,8; 2 + 6,4; 5 + 3,5; 2+3,3; 8 + 8,2; 3 + 4,9; 8 + 3,8; 2 + 6,6; 7 + 3,7; 8 + 1,5.

Suma de números enteros

Fíjate en las botoneras del ascensor de la derecha.

María está en el segundo sótano (–2) y sube 5 pisos. ¿A qué piso llega?

Para saberlo, debemos hacer la suma –2 + 5:

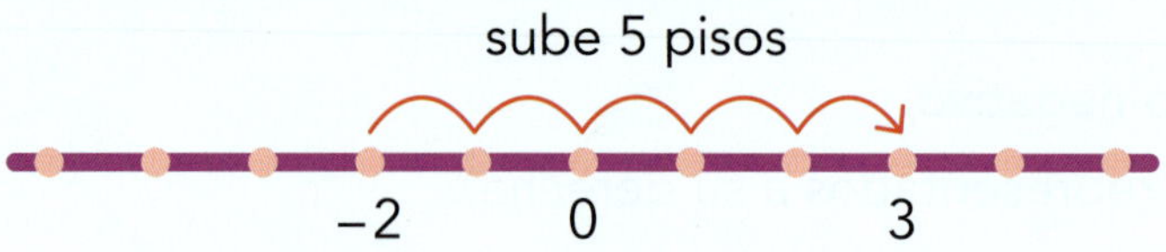

–2 + 5 = 3 ➜ Llega al tercer piso.

Andrés está en el tercer sótano (–3) y sube 2 pisos. ¿A qué piso llega?

Ahora, la suma que debemos hacer es –3 + 2:

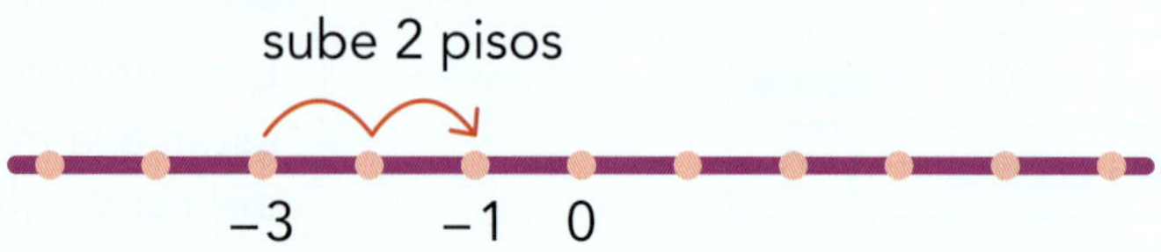

–3 + 2 = –1 ➜ Llega al primer sótano.

18. Resuelve estas sumas, en tu cuaderno, utilizando la recta numérica:

–6 + 12 –6 + 6 –7 + 4 –15 + 8 –2 + 9 0 + 5 –7 + 2 –4 + 2

19. Escribe la suma que corresponde a cada representación gráfica:

a
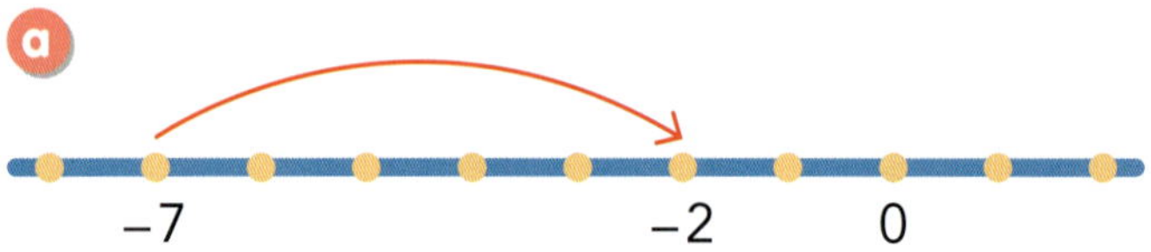

b
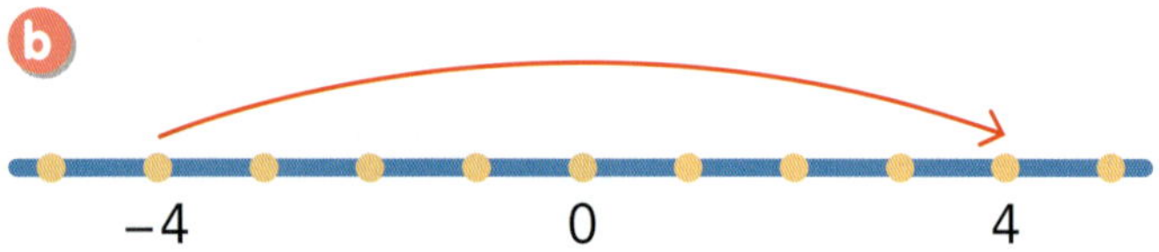

c
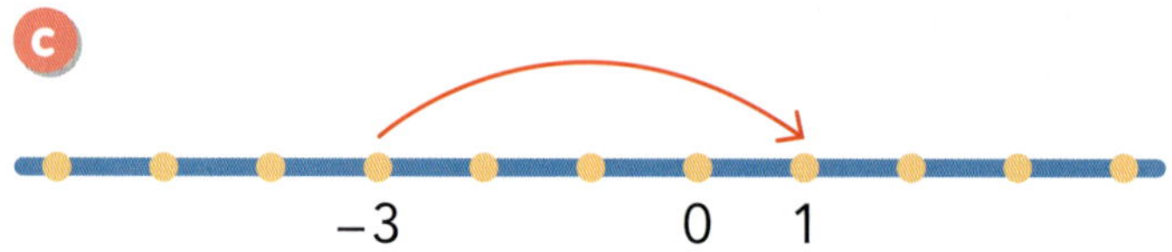

d
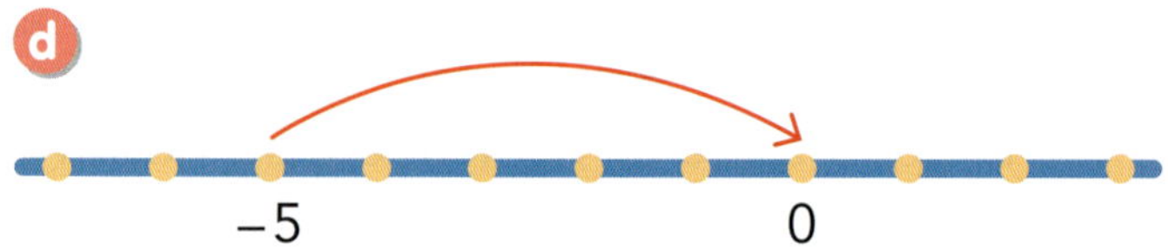

20. La temperatura en Berlín era de –6 °C por la mañana. Si al mediodía la temperatura era de 10 °C, ¿cuántos grados había subido?

21. Dibuja los botones de un ascensor de 6 pisos y 4 sótanos. Utiliza el dibujo para contestar las preguntas y escribe la suma que corresponde a cada caso:

- Alicia está en el tercer sótano. Si sube siete pisos, ¿a qué piso llega?
- Olga está en el segundo sótano. ¿Cuántos pisos ha de subir para llegar al tercer piso?
- Sandra está en el cuarto sótano y sube cuatro pisos. ¿A qué piso llega?

Resta de números enteros

Fíjate en las temperaturas que marcan los termómetros de la derecha. Si la temperatura baja 5 grados Celsius, ¿qué temperatura marcará cada uno?

a

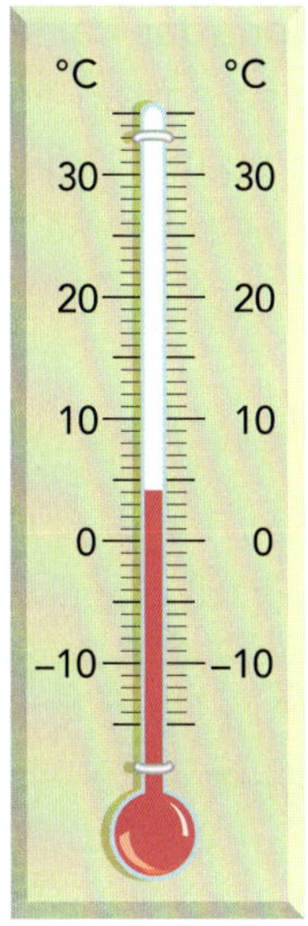

b

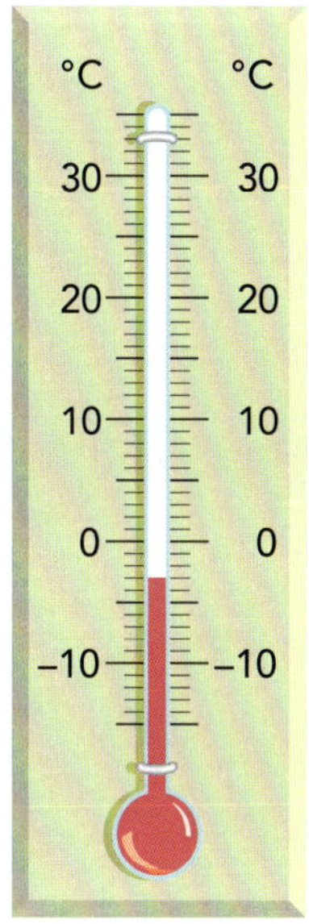

El termómetro a marca 4 °C. Para saber cuánto marcará si la temperatura baja 5 °C, debemos hacer la resta 4 – 5:

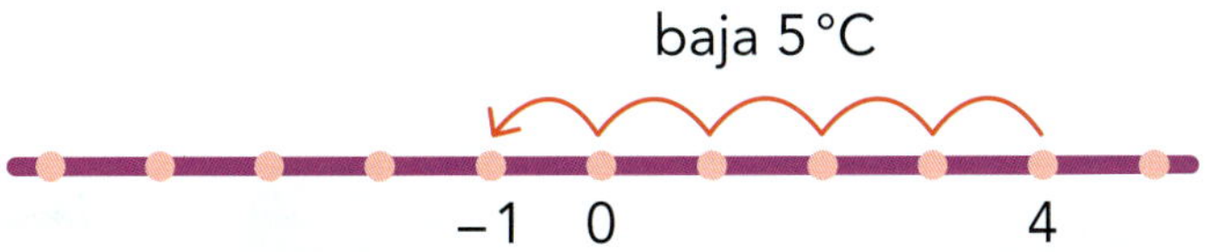

4 – 5 = –1 ➜ Marcará –1 °C.

El termómetro b marca –3 °C. Para saber cuánto marcará si la temperatura baja 5 °C, debemos hacer la resta –3 – 5:

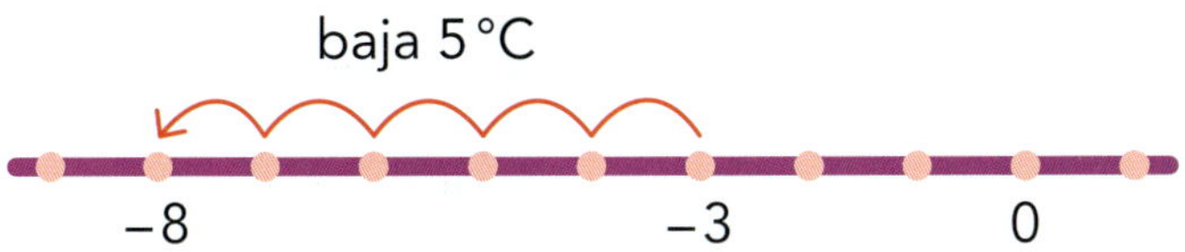

–3 – 5 = –8 ➜ Marcará –8 °C.

22. Resuelve estas restas, en tu cuaderno, utilizando la recta numérica:

5 – 7   0 – 7   3 – 4   –8 – 8   –4 – 6   5 – 5   2 – 9   10 – 20

23. Escribe la resta que corresponde a cada representación gráfica:

a

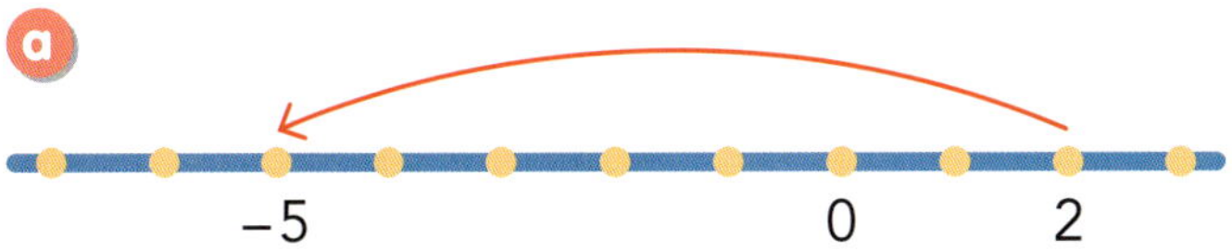

c

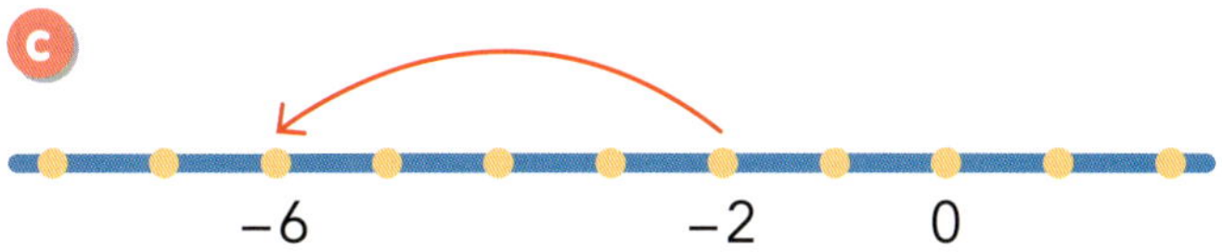

b

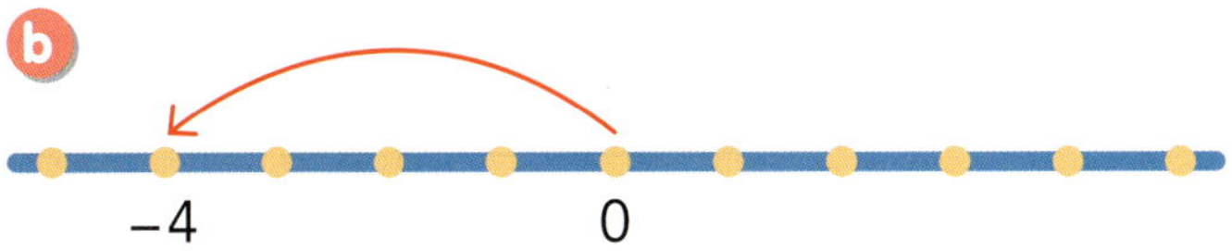

d

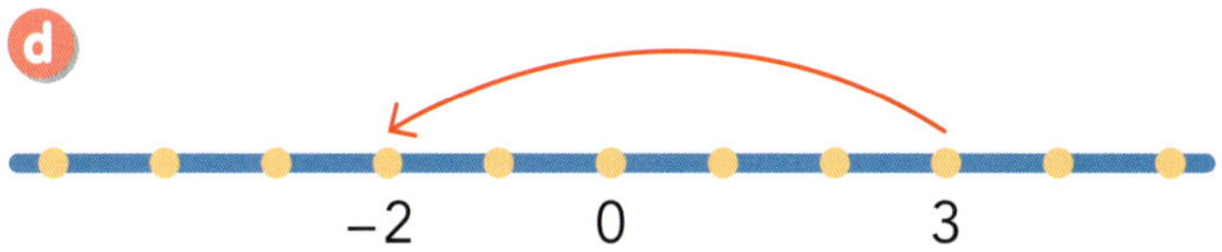

24. Un termómetro marca 3 °C y la temperatura baja 9 °C. ¿Cuál es la nueva temperatura?

25. Patricia está en el segundo sótano de un centro comercial. Si baja tres pisos, ¿a qué piso llega? Escribe en tu cuaderno la resta que resuelve el problema.

Cálculo mental

Restar. 400 – 75; 200 – 50; 500 – 25; 300 – 50; 600 – 75; 800 – 25; 100 – 75; 900 – 25.

Coordenadas y números enteros

Un sistema de coordenadas cartesianas está formado por dos rectas graduadas perpendiculares que se cortan en el punto 0. Estas dos rectas se llaman **ejes** y dividen el plano en cuatro regiones llamadas **cuadrantes**.

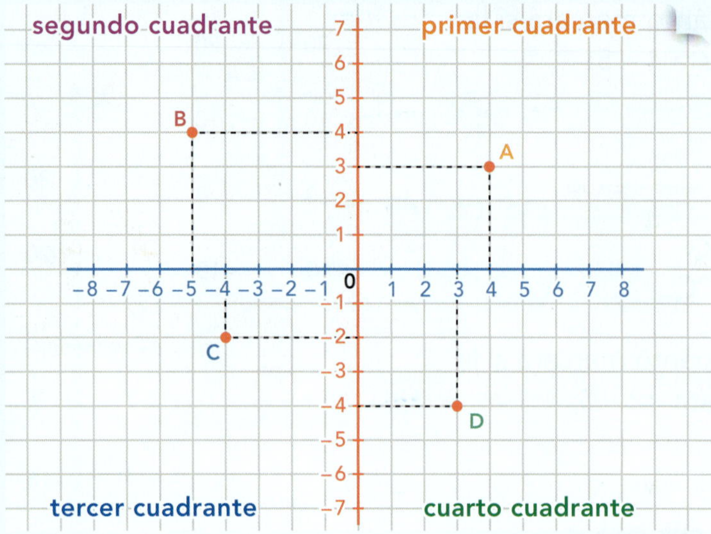

26. Observa la cuadrícula anterior e indica a qué letra pertenece cada coordenada:

(3, –4)   (–5, 4)   (–4, –2)   (4, 3)

27. ¿A qué cuadrante pertenecen los siguientes puntos?

(–2, 3)   (1, –2)   (4, 5)   (–2, –6)

28. Observa el sistema de coordenadas cartesianas de la derecha y escribe en tu cuaderno las coordenadas de estas figuras:

▲ → (□, □)   ▲ → (□, □)   ■ → (□, □)

■ → (□, □)   ▲ → (□, □)   ● → (□, □)

● → (□, □)   ■ → (□, □)   ■ → (□, □)

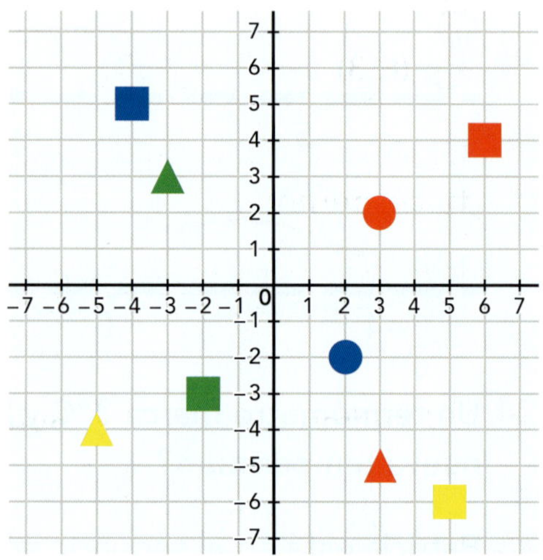

29. Dibuja, en tu cuaderno, unos ejes en una cuadrícula y marca los siguientes puntos en ella:

A (–2, –5)   B (3, –1)   C (–4, 6)   D (4, 3)

E (2, –4)   F (0, 0)   G (–4, –4)   H (4, 4)

30. Tres vértices de un cuadrado son (–3, 2), (–2, 2) y (–3, 1). ¿Cuál es el cuarto vértice?

cálculo mental **Dividir.** 65,7 : 10; 3,4 : 10; 5 : 10; 3,6 : 10; 23,4 : 10; 9 : 10; 25 : 10; 18,6 : 10; 2,1 : 10; 6 : 10

Orientación en el plano

Los **planos** suelen dividirse en cuadrículas para localizar fácilmente los elementos que aparecen en él:

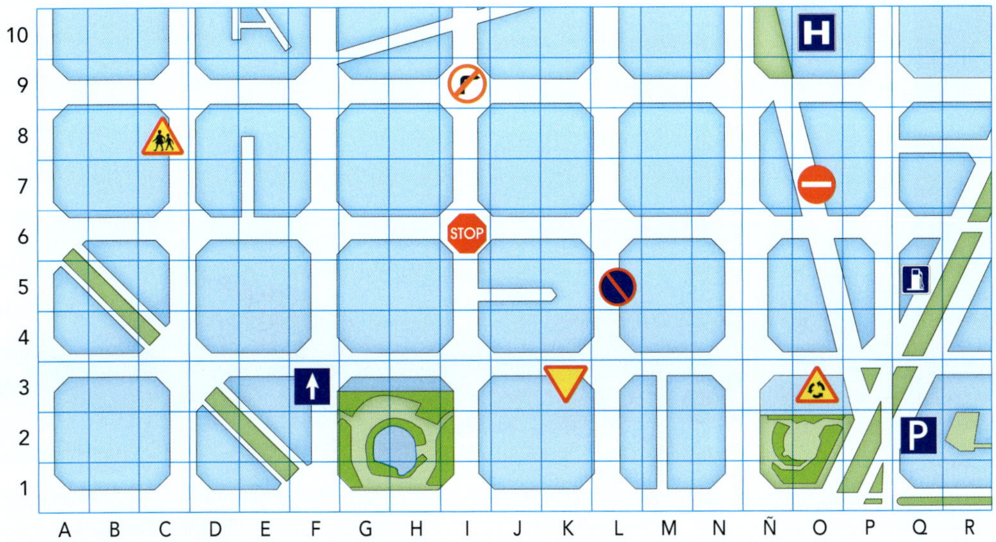

31. Observa el ejemplo e indica la posición de estas señales en el plano anterior:

32. Dibuja, en tu cuaderno, las señales que hay en estas coordenadas:

a (F, 3) b (O, 7) c (K, 3) d (Q, 2)

33. Observa el plano de la derecha y realiza las actividades en tu cuaderno:

Indica la situación de estas ciudades:

Liverpool	Aberdeen	Norwich
Londres	Birmingham	Leeds

Indica las ciudades que se encuentran en estas posiciones:

(E, 3)	(D, 6)	(G, 8)
(E, 7)	(F, 8)	(H, 2)

¡No te olvides de pasar por el Gimnasio para practicar algunos ejercicios! ¡clic! ¡clic!

Actividad competencial

Un desierto árido

Después de clase han buscado más información sobre el desierto de Gobi y han leído que, en este desierto, se alcanzan temperaturas extremas.

Las máximas son de 38 °C y las mínimas de −47 °C. La lluvia recogida a lo largo del año está entre 20 L y 100 L.

Su extensión es de 1.295.000 km^2.

1. ¿Cuál es la diferencia de temperatura entre la máxima y la mínima registradas en Gobi?

2. Observa el gráfico de temperaturas en Dalanjargalan, poblado de Gobi, y contesta:

- ¿Cuál es el mes más caluroso?
- ¿Cuál es el mes más frío?
- De diciembre a enero, ¿la temperatura sube o baja?
- ¿Qué mes es más frío: noviembre o marzo?
- ¿En qué meses la temperatura es inferior a quince grados bajo cero?

3. Observa el gráfico y completa la tabla en tu cuaderno con las siguientes temperaturas:

−17 21 −10 28 2 −36 0 10 −15 −25 11 −29

ENE	FEB	MAR	ABR	MAY	JUN	JUL	AGO	SET	OCT	NOV	DIC

4. Con la tabla de la actividad anterior, calcula la diferencia de temperatura entre los siguientes meses:

febrero y junio | marzo y diciembre | julio y enero | agosto y abril

5. Lee la siguiente información y contesta en tu cuaderno:

Los primeros fósiles de huevos de dinosaurio se descubrieron en el desierto de Gobi en 1923. Tienen 50 cm de largo y pertenecen al Jurásico, hace 190 millones de años.

El ferrocarril Transmongoliano atraviesa el desierto de Gobi siguiendo la Ruta del Té. La línea férrea tiene una longitud de 2.215 km y el ancho de las vías es de 1,52 m, que cambian a 1.435 mm al cruzar la frontera con China.

- Escribe, con potencias de 10, cuántos años hace del Jurásico.
- Escribe en metros la longitud de un huevo de dinosaurio.
- ¿Cuántos años hace que se descubrieron los primeros fósiles de huevo de dinosaurio?
- ¿Cuál es la diferencia de ancho de vía en el Transmongoliano entre China y Mongolia? Escribe el resultado en milímetros.

La Ruta del Té y la de la Seda cruzan el desierto de Gobi. Las caravanas se movían utilizando el camello de Gobi y el caballo mongol, muy adaptados a climas extremos.

6. Halla la diferencia de altura, longitud y peso entre el caballo mongol y el camello de Gobi:

	caballo mongol	camello de Gobi
altura	130 cm	1,8 m
longitud	2,20 m	3 m
peso	250 kg	1 t

7. Sabemos que la extensión de España es de 505.944 km^2. ¿Podemos decir que la extensión del desierto de Gobi es mayor que el doble de España? ¿O debemos decir que no llega al doble de España? Justifica tu respuesta.

Cálculo mental

Calcular el 10 %, el 5 %, el 20 % y el 15 %.

10 % de 40 → dividimos entre 10 → 40 : 10 = 4

5 % de 40 → la mitad del 10 % → 4 : 2 = 2

20 % de 40 → el doble del 10 % → 4 × 2 = 8

15 % de 40 → la suma del 10 % y el 5 % → 4 + 2 = 6

10 % de 400	5 % de 300	20 % de 600
15 % de 600	10 % de 200	5 % de 160
20 % de 500	15 % de 180	10 % de 500
5 % de 120	20 % de 200	15 % de 150

Actividad cooperativa

En la verdulería de Celia compran una partida de patatas de dos variedades:

patata Kennebec
240 kg
0,57 €/kilo

patata Monalisa
150 kg
0,68 €/kilo

Luego, Celia las vende:

patata Kennebec
en bolsas de 3 kg a 3,49 €

patata Monalisa
en bandejas de 1,5 kg a 1,65 €

1. Dividid la clase en grupos de 3 y responded a las siguientes preguntas:
   - ¿Qué beneficio obtienen por cada kilo de patatas Kennebec? ¿Y por un kilo de patatas Monalisa?
   - ¿Cuál es el beneficio máximo que pueden obtener por la venta de esta partida de patatas?
2. Exponed los resultados al resto de los grupos y explicad cómo los habéis calculado.
3. Ahora, con vuestro grupo, resolved el siguiente problema:
   - Si venden 60 bolsas de patatas Kennebec y 80 bandejas de patatas Monalisa, ¿cuánto ganarán?
4. Discutid entre todos los compañeros y compañeras cómo habéis hecho el cálculo.

Resolución de problemas

Aprenderás a... usar la calculadora.

Resuelve en tu cuaderno los problemas siguientes utilizando la calculadora para efectuar los cálculos necesarios.

1. Lucía ha ido al supermercado a comprar una bandeja de carne. Fíjate en el precio de la ternera:

Ahora, comprueba el precio de la compra, realizando la siguiente multiplicación:

peso en kg × € el kg

0,410 × 27,14 = 11,1274

– ¿Por qué no coincide el resultado de esta operación con el precio de la etiqueta?

2. Observa el precio de los carburantes en una gasolinera y calcula el precio que hay que pagar en cada uno de los siguientes casos:

52,58 L de gasolina 98

48,56 L de gasolina 95

52,11 L de gasoil

3. Efectúa las siguientes operaciones y ordena los resultados de mayor a menor:

36 × 1,0004	36 × 0,1	36 × 1,6
36 × 1,15	36 × 0,25	36 × 1,7
36 × 1,5	36 × 0,5	36 × 0,55

4. En los resultados de estas operaciones han olvidado anotar la coma. ¿Serías capaz de corregir el error sin hacer ninguna operación?

5,9374 × 3,037841 = 180368

25,6391 : 0,5 = 512782

752,3673 × 0,907832 = 6830231

100,256 : 2,15 = 46630697

48,74805 × 0,55801 = 272018

– Comprueba tus predicciones con la calculadora.

5. Carmen compra tres bandejas de pescado en el supermercado:

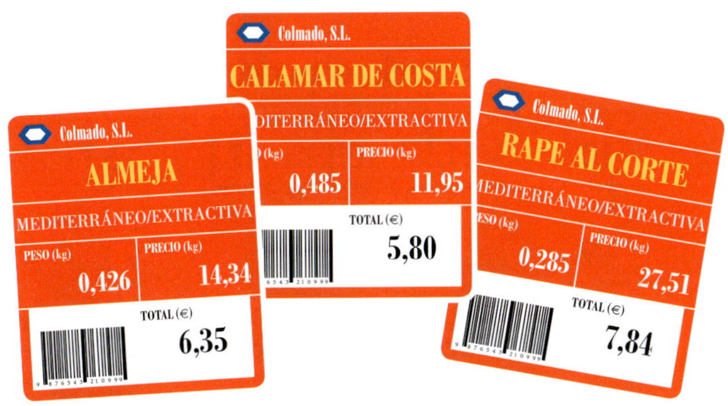

– Calcula, en cada caso, el importe total con todas las cifras decimales y comprueba que el redondeo a los céntimos se ha hecho correctamente.

– Calcula cuánto costarían 2,5 kilos de almejas, un cuarto de kilo de rape y 1,5 kilos de calamar de costa.

Actividades

PRACTICA

1. Copia la siguiente tabla y complétala relacionando las temperaturas con las letras del termómetro:

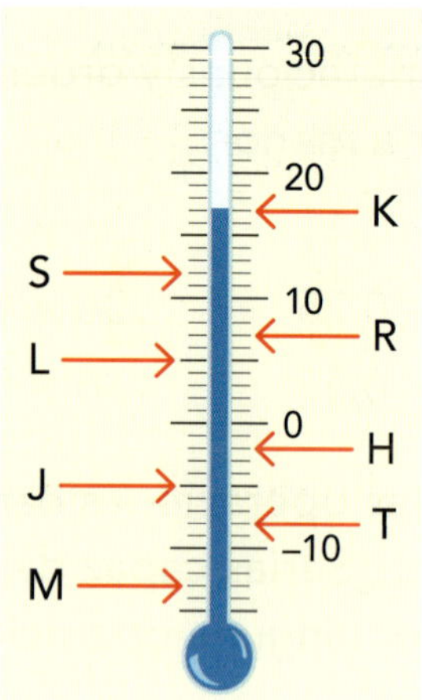

letra	°C
M	
	7
K	
	−5
H	
	12
L	
	−8

2. Dibuja una recta numérica de −11 a 11 y sitúa los siguientes números enteros:

10 −5 5 0 −6

−3 8 −2 1 −10

3. Copia y completa con el signo < o >:

−4 ▢ −9 6 ▢ −12 −9 ▢ −7

6 ▢ −6 −7 ▢ 0 −8 ▢ 5

4. Ordena estos números de menor a mayor:

40 −21 0 −7 16 −12

−9 14 5 9 −3

5. Escribe el opuesto de cada número:

8 −5 −14 10 21

6. Resuelve en tu cuaderno las siguientes sumas y restas con números enteros:

−10 + 2	6 − 8	−2 − 13	11 + 8
−16 − 4	−5 + 12	13 − 2	−7 + 7
12 + 2	−1 − 1	−13 + 6	−3 − 9

7. Indica en tu cuaderno las coordenadas de cada punto:

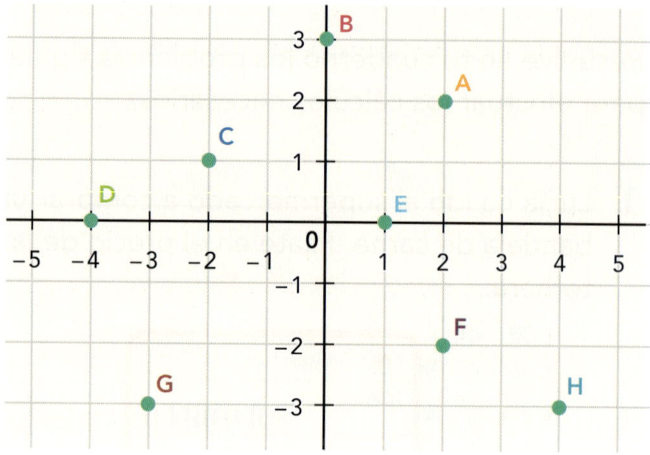

8. Dibuja en tu cuaderno un sistema de coordenadas como el de la actividad anterior y representa en él los siguientes puntos:

A (3, −4) C (−4, −2) E (−6, 4)

B (3, 4) D (−1, 5) F (1, −2)

APLICA

9. Fíjate en la botonera del ascensor y calcula:

– Estás en el segundo sótano y subes cuatro pisos. ¿A qué piso llegas?
– Estás en el cuarto y bajas seis pisos. ¿A qué piso llegas?
– Si subes tres pisos desde el cuarto sótano, ¿adónde llegas?
– Estás en el segundo piso y bajas cinco pisos. ¿A qué piso llegas?
– Bajas cinco pisos desde el tercero. ¿A qué piso llegas?
– ¿Cuántos pisos tienes que subir para llegar al cuarto piso desde el cuarto sótano?

10. La población que ha registrado la temperatura más baja en España es Calamocha (Teruel) con −30 °C y la más alta es Montoro (Córdoba) con 47,3 °C:

– ¿Cuál es la diferencia de temperatura entre ambas poblaciones?

11. A partir del gráfico, haz una tabla con las temperaturas medias registradas en Laponia (Finlandia) a lo largo de un año y, después, contesta las preguntas:

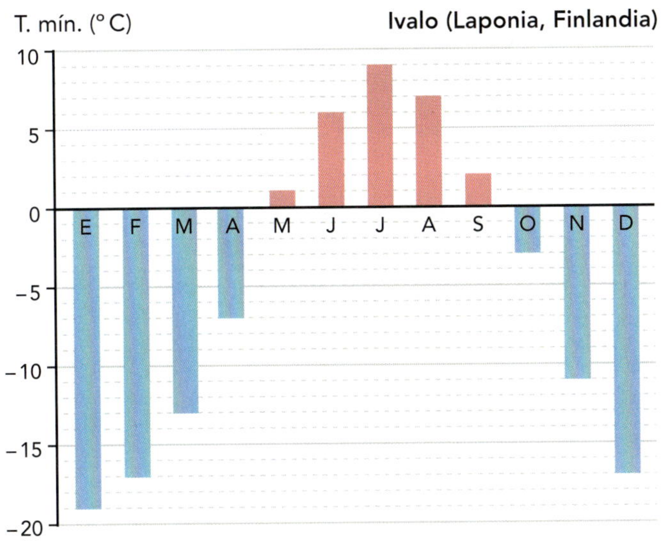

– ¿Cuál es el mes más frío del año? ¿Qué temperatura hace?

– ¿Qué diferencia de temperatura hay entre julio y diciembre?

– ¿Qué diferencia de temperatura hay entre enero y abril?

PROFUNDIZA

12. Haz un gráfico de barras con las temperaturas de la tabla, en grados Celsius, registradas en Groenlandia:

ENE	FEB	MAR	ABR	MAY	JUN
–12	–12	–10	–6	–1	1

JUL	AGO	SET	OCT	NOV	DIC
3	3	1	–3	–7	–10

– ¿Cuál es la diferencia de temperatura entre marzo y agosto?

– ¿Cuánto sube la temperatura entre enero y abril?

– ¿De diciembre a enero, sube o baja la temperatura?

13. Observa el tablero de ajedrez y contesta en tu cuaderno:

– ¿En qué casillas están situadas las piezas siguientes?

caballo blanco

rey rojo

torre blanca

un peón rojo

torre roja

rey blanco

– ¿De qué color es la pieza que está situada en la casilla (B, 4)?

– ¿Hay alguna pieza en la casilla (E, 6)? ¿Y en la casilla (H, 4)?

RAZONA

14. Reparte 15 canicas entre 3 vasos de forma que el número de canicas que haya en cada uno sea un número primo.

– ¿Hay más de una solución?

15. Un libro tiene 100 páginas y está numerado desde el 1 hasta el 100. ¿Cuántas veces se ha utilizado la cifra del 1 en total? Explica cómo lo calculas.

¡Ponte a prueba!

CUBOS AL CUADRADO

1. Observa la construcción de la derecha y contesta:

- ¿Cuántos cubitos hay en esta construcción?
- Explica la regularidad que hay en el número de cubitos por piso.
- ¿Cuántos cubitos debemos añadir para construir el sexto piso?
- ¿Cuántos cubitos necesitamos para construir el décimo piso?

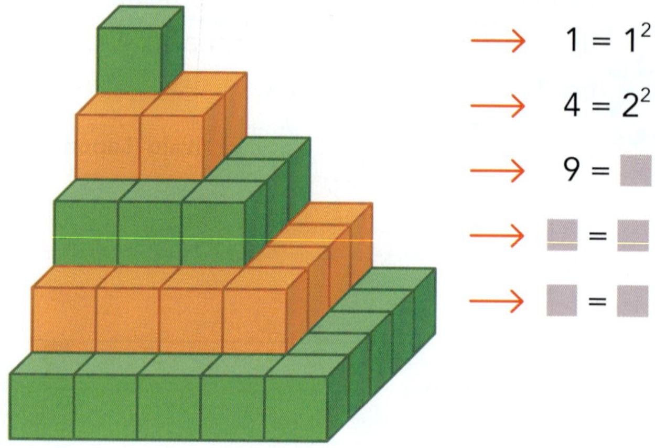

LOS SIETE CUADRADOS

2. Observa la figura. Podemos contar 7 cuadrados. Contesta:

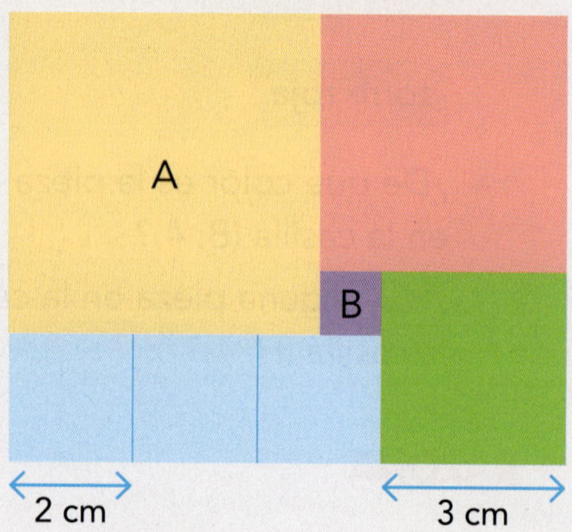

- ¿Cuánto mide el perímetro del cuadrado *A*?
- ¿Cuántas veces cabe el cuadrado *B* dentro del cuadrado *A*?

JUGAMOS A CONSTRUCCIONES

3. A Antonio le han regalado una caja con cubos iguales y esta tarde, con todas las piezas, ha construido estas dos figuras. Lee y contesta en tu cuaderno:

Todos los cubos juntos pesan 1,35 kg.
La construcción **a** pesa 500 g.

- ¿Cuántos cubos de la figura **b** no se ven?

Ya sé...

1. Escribe en tu cuaderno las temperaturas siguientes utilizando números positivos y negativos:

– En el valle de la Muerte (EE. UU.) se ha llegado a los 58 grados Celsius.

– El agua del mar se congela a dos grados Celsius bajo cero.

– El reno vive a 20 grados Celsius bajo cero.

2. Indica en tu cuaderno a qué número corresponde cada una de las letras de la recta numérica:

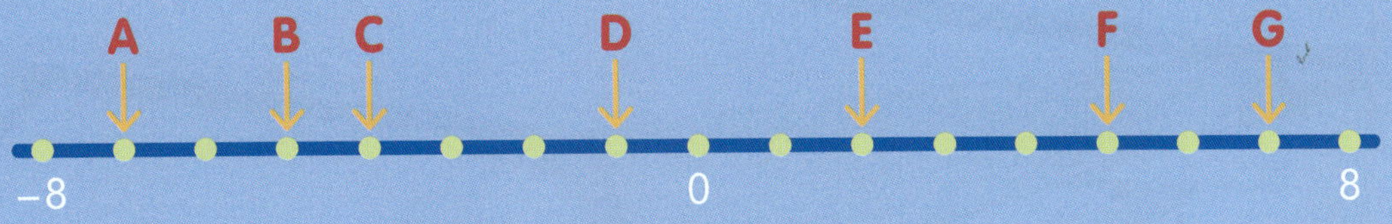

3. Escribe, en cada caso, el signo < o > que corresponda para que sea cierta la comparación:

1 □ –5   –3 □ 4   –8 □ –4   9 □ 0   –10 □ –4

4. Define en tu cuaderno qué son los números opuestos y escribe dos ejemplos.

5. Resuelve las siguientes sumas utilizando la recta numérica:

–7 + 12	–6 + 6	0 + 4
–4 + 5	–3 + 1	–1 + 10

6. Resuelve las siguientes restas utilizando la recta numérica:

8 – 12	0 – 6	7 – 9
–2 – 2	1 – 10	15 – 25

7. La temperatura de una ciudad era de –6 °C por la noche. Si a la mañana siguiente la temperatura era de 15 °C, ¿cuántos grados había subido?

8. Si la temperatura es de –3 °C y baja 11 °C, ¿cuál será la nueva temperatura?

9. Dibuja, en tu cuaderno, unos ejes en una cuadrícula y marca los siguientes puntos:

A (–3, 6)   B (–8, –5)   C (2, –6)   D (4, 0)

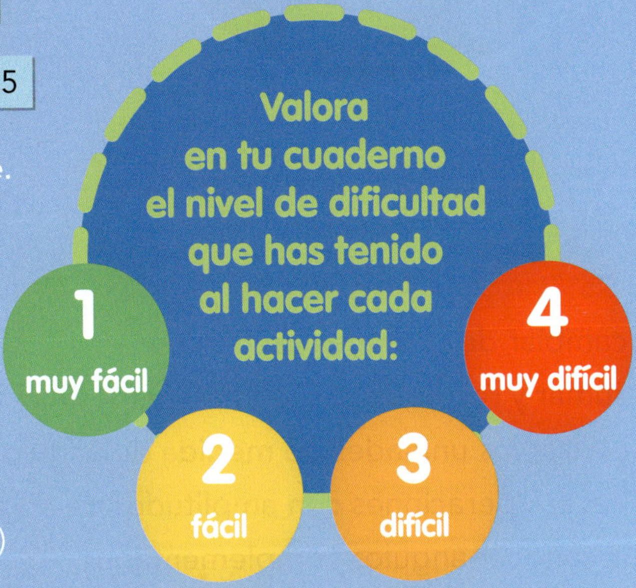

8 La vuelta al mundo

Vas a aprender

EL SISTEMA SEXAGESIMAL Y A...

- cambiar de unidades de tiempo
- sumar y restar en el sistema sexagesimal
- utilizar las unidades de medida de ángulos
- hacer operaciones con amplitudes de ángulos
- reconocer ángulos complementarios y suplementarios

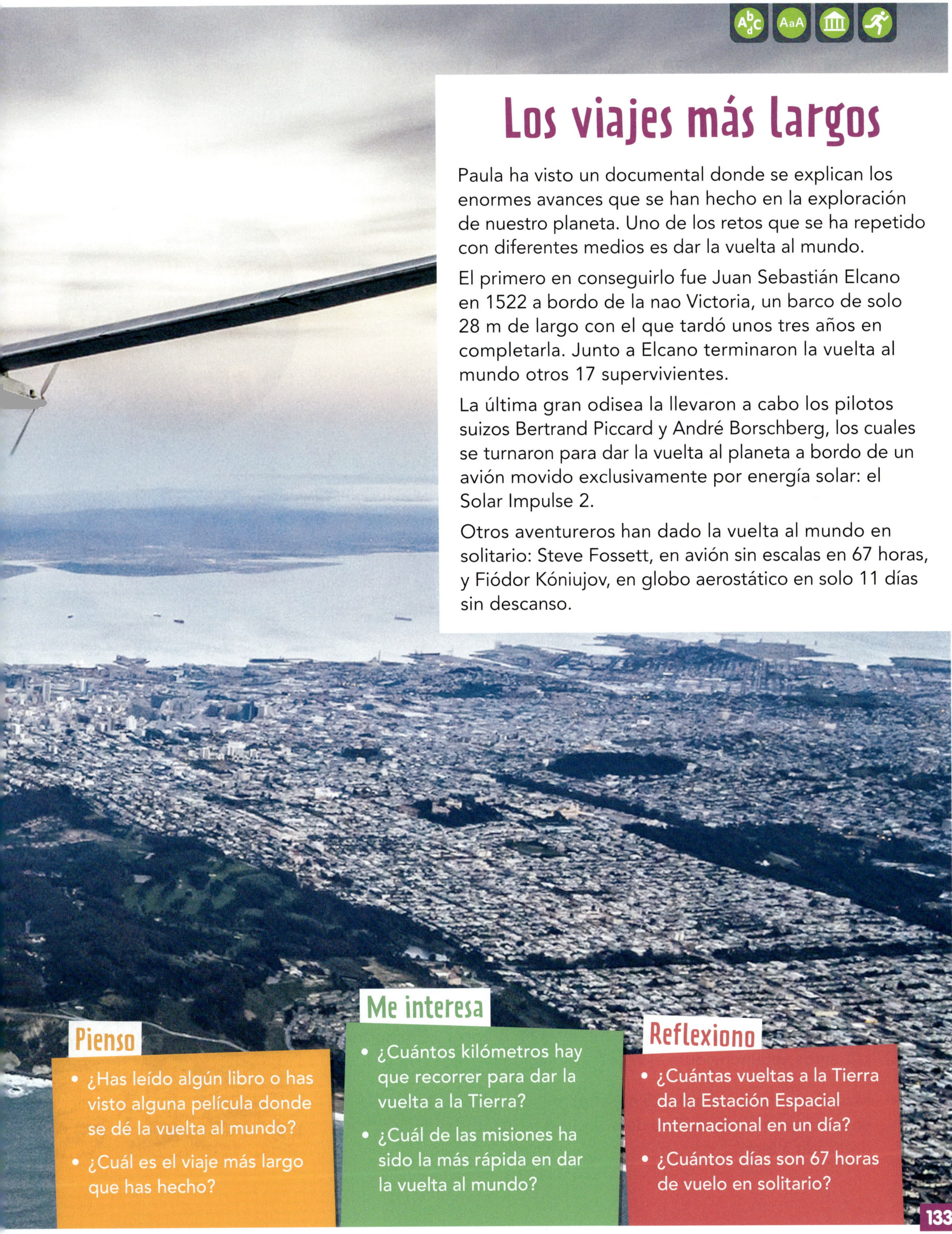

Los viajes más largos

Paula ha visto un documental donde se explican los enormes avances que se han hecho en la exploración de nuestro planeta. Uno de los retos que se ha repetido con diferentes medios es dar la vuelta al mundo.

El primero en conseguirlo fue Juan Sebastián Elcano en 1522 a bordo de la nao Victoria, un barco de solo 28 m de largo con el que tardó unos tres años en completarla. Junto a Elcano terminaron la vuelta al mundo otros 17 supervivientes.

La última gran odisea la llevaron a cabo los pilotos suizos Bertrand Piccard y André Borschberg, los cuales se turnaron para dar la vuelta al planeta a bordo de un avión movido exclusivamente por energía solar: el Solar Impulse 2.

Otros aventureros han dado la vuelta al mundo en solitario: Steve Fossett, en avión sin escalas en 67 horas, y Fiódor Kóniujov, en globo aerostático en solo 11 días sin descanso.

Pienso

- ¿Has leído algún libro o has visto alguna película donde se dé la vuelta al mundo?
- ¿Cuál es el viaje más largo que has hecho?

Me interesa

- ¿Cuántos kilómetros hay que recorrer para dar la vuelta a la Tierra?
- ¿Cuál de las misiones ha sido la más rápida en dar la vuelta al mundo?

Reflexiono

- ¿Cuántas vueltas a la Tierra da la Estación Espacial Internacional en un día?
- ¿Cuántos días son 67 horas de vuelo en solitario?

Sistema sexagesimal. Unidades de tiempo

El sistema sexagesimal es un sistema que usamos para medir el **tiempo** y la **amplitud de los ángulos**.

Fíjate en las equivalencias entre las unidades de tiempo:

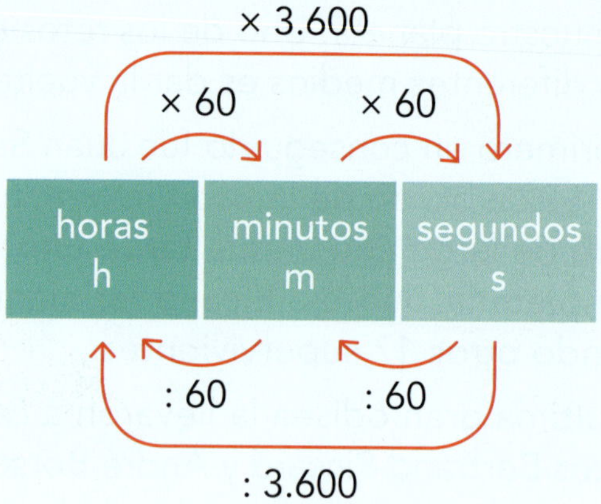

Cada unidad es 60 veces mayor que la unidad inmediatamente inferior y 60 veces menor que la unidad inmediatamente superior.

1. Copia y completa en tu cuaderno las siguientes igualdades:

3 h = ▢ min = ▢ s

▢ h = 240 min = ▢ s

▢ h = ▢ min = 54.000 s

▢ h = ▢ min = 18.000 s

9 h = ▢ min = ▢ s

▢ h = 1.260 min = ▢ s

2. Observa el ejemplo y expresa en segundos los siguientes tiempos en tu cuaderno:

2 h 15 min 12 s = 8.112 s

2 h × 60 = 120 min   120 + 15 = 135 min   135 min × 60 = 8.100 s   8.100 + 12 = 8.112 s

18 h 43 min 12 s   39 h 12 min 2 s   42 min 49 s   12 h 39 min 14 s

3. Ana hizo una caminata de 1 hora 43 minutos y 12 segundos. ¿Cuántos minutos y segundos duró la caminata? ¿Y segundos?

4. Santiago ha jugado un partido de fútbol que duró 1 hora 32 minutos y 45 segundos. ¿Cuántos segundos jugó en total?

5. Un ferri hace el trayecto Barcelona-Ibiza en 8 horas 14 minutos. ¿Cuántos segundos dura el viaje?

6. Mari Carmen ha tardado 25 horas 45 minutos y 13 segundos en terminar de leer un libro de aventuras. ¿Cuántos segundos ha dedicado a leer?

7. Completa estas igualdades en tu cuaderno:

195 s = ▢ min ▢ s
412 s = ▢ min ▢ s
146 min = ▢ h ▢ min
80 min = ▢ h ▢ min
8.136 s = ▢ h ▢ min ▢ s
7.156 s = ▢ h ▢ min ▢ s

Ten en cuenta...

Podemos pasar de la expresión incompleja a la compleja de este modo:

```
7859 s |60
 185      130 min |60
  059 s    10 min   2 h
```

7.859 s = 2 h 10 min 59 s

8. Un futbolista ha jugado 27 partidos completos en una temporada. Si un partido dura 90 minutos, calcula las horas y minutos que ha jugado en total.

9. La Estación Espacial Internacional tarda 5.589 segundos en dar una vuelta alrededor de la Tierra. Calcula las horas, minutos y segundos que tarda.

10. Fíjate en cómo sumamos dos medidas de tiempo y resuelve las siguientes sumas:

```
        52 min
 + 2h   58 min
 ------------
   2h  110 min
   ↓     ↓  ↘
   2h   60 min   50 min
   ↓     ↓         ↓
   2h    1h      50 min
     ↘  ↙          ↓
      3h         50 min
```

```
    45 min 32 s          3 h 37 min 40 s
 +  26 min 49 s      +        48 min 52 s
 --------------      ----------------
    ▢                    ▢

    3 h 58 min           2 h 57 min 28 s
 +  1 h 30 min       +   5 h  2 min 45 s
 --------------      ----------------
    ▢                    ▢
```

11. Observa ahora cómo restamos dos medidas de tiempo y resuelve las restas:

```
            + 60 min
            − 1 h
  32 h 19 min    →     31 h 79 min
− 19 h 37 min        − 19 h 37 min
-------------        -------------
       ↑               12 h 42 min
```

15 h 24 min – 4 h 39 min 12 s

1 h 12 min 35 s – 44 min 56 s

8 h 12 min – 3 h 52 min 37 s

12. Un avión tenía prevista su llegada a las 19:50 h. Contesta en tu cuaderno:

– Si tiene un retraso de 25 minutos, ¿a qué hora llegará?
– Si el viaje dura 3 horas 15 minutos, ¿a qué hora ha salido?

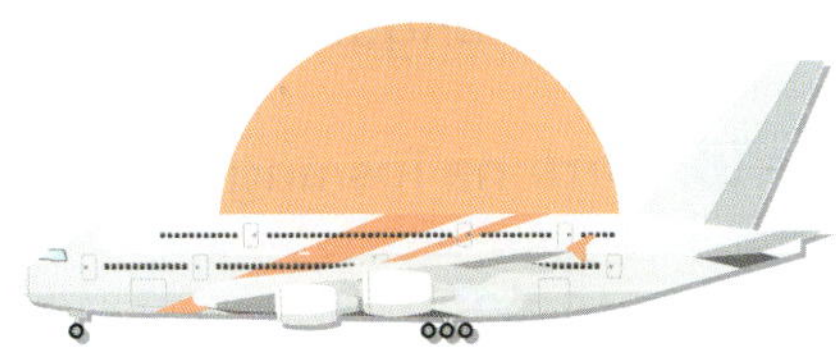

Cálculo mental

Calcular raíces cuadradas. $\sqrt{49}$; $\sqrt{1}$; $\sqrt{64}$; $\sqrt{100}$; $\sqrt{4}$; $\sqrt{36}$; $\sqrt{16}$; $\sqrt{81}$; $\sqrt{25}$; $\sqrt{9}$.

Unidades de medida de ángulos

Las unidades de medida de ángulos son el **grado** (°), el **minuto** (′) y el **segundo** (″):

Un grado es la medida de cada uno de los ángulos que resultan de dividir un ángulo recto en 90 partes iguales:

Las equivalencias entre grados, minutos y segundos son las siguientes:

1° = 60′ 1′ = 60″

El esquema para pasar de unas unidades a otras es:

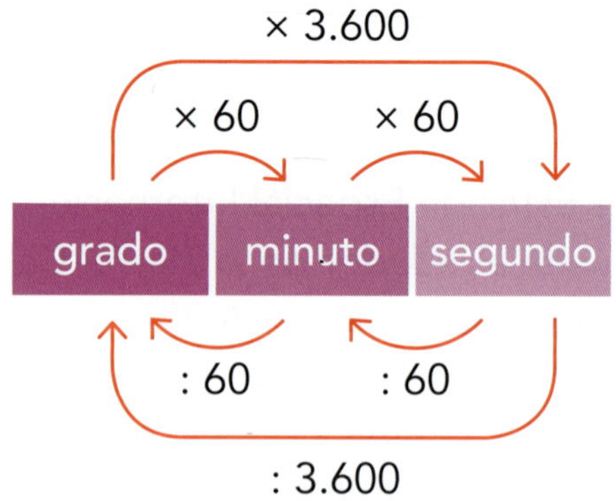

13. Copia y completa en el cuaderno las siguientes igualdades:

9° = ▢′ = ▢″ 45° = ▢′ = ▢″ ▢° = ▢′ = 90.000″

▢° = 1.920′ = ▢″ ▢° = 1.080′ = ▢″ ▢° = ▢′ = 320.400″

14. Expresa en minutos en tu cuaderno:

134° 12′ 99° 43′ 42° 7′ 67° 25′ 112° 19′ 156° 15′ 89° 25′

15. Expresa en segundos en tu cuaderno:

38′ 33″ 125′ 34″ 22° 34′ 11″ 56° 55″ 79° 36′ 35″ 78° 2″

16. Expresa los ángulos siguientes en minutos y, luego, en segundos:

74° 65° 120° 320° 273°

17. ¿Qué ángulo tiene mayor amplitud: 4.275′ o 257.040″?

18. Ordena los ángulos de menor a mayor amplitud:

450.000″ 2.340′ 12.600′ 280.800″

19. La torre de Pisa está inclinada 3° 59′ respecto de la vertical y las torres Kio de Madrid, 858′. ¿Cuál de las dos torres está más inclinada?

Sumas con medidas de ángulos

Para sumar dos medidas angulares en forma compleja, lo hacemos como en el caso de las medidas de tiempo. Fíjate:

$$\begin{array}{rrr} & 135^\circ & 45' & 13'' \\ + & 34^\circ & 32' & 29'' \\ \hline & 169^\circ & 77' & 42'' \end{array}$$

$77' = 60' + 17'$; $60' = 1^\circ$

$169^\circ + 1^\circ = 170^\circ$

$$170^\circ\ 17'\ 42''$$

Para **sumar** dos medidas de ángulos en forma compleja, las colocamos en columna y sumamos. Si los minutos o los segundos suman más de 60, los pasamos a la unidad inmediatamente superior.

20. Copia y calcula en el cuaderno:

$\begin{array}{r} 35^\circ\ 42' \\ +\ 18^\circ\ 24' \\ \hline \end{array}$ $\begin{array}{r} 18^\circ\ 24' \\ +\ 12^\circ\ 43' \\ \hline \end{array}$ $\begin{array}{r} 30^\circ\ 14'\ 35'' \\ +\ 29^\circ\ 49'\ 32'' \\ \hline \end{array}$ $\begin{array}{r} 41^\circ\ 29'\ 28'' \\ +\ 12^\circ\ 45'\ 32'' \\ \hline \end{array}$ $\begin{array}{r} 20^\circ\ 48'\ 46'' \\ +\ 22^\circ\ 27'\ 32'' \\ \hline \end{array}$

21. Explica por qué la suma está mal hecha y corrígela en tu cuaderno:

$$\begin{array}{rr} & 145^\circ\ 45'\ 29'' \\ + & 24^\circ\ 19'\ 37'' \\ \hline & 169^\circ\ 64'\ 66'' \end{array}$$

22. Los ángulos de un triángulo miden 60° 17′, 50° 21′ y 69° 22′. ¿Suman 180°?

23. Averigua qué par de ángulos suman un ángulo llano:

118° 15′ 44″ | 110° 35″ | 109° 14′ 46″ | 69° 59′ 25″

24. Dos avionetas parten de un aeropuerto siguiendo rutas que forman ángulos de 25° 37′ 14″ y 45° 3′ 12″ con la dirección Norte como muestra la figura. ¿Qué ángulo determinan las dos rutas?

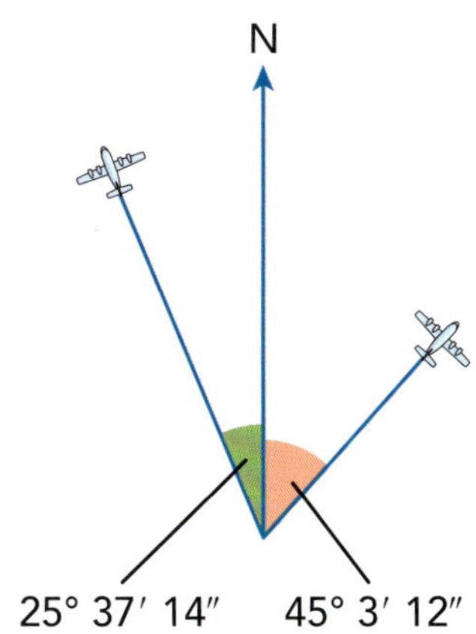

cálculo mental **Calcular cuadrados.** 5^2; 3^2; 1^2; 7^2; 6^2; 4^2; 2^2; 10^2; 8^2; 9^2.

Restas con medidas de ángulos

La resta de medidas angulares también se hace de la misma manera que la resta de medidas de tiempo. Fíjate:

$$\begin{array}{r} 42^\circ\ 21' \\ -\ 15^\circ\ 32' \\ \hline \end{array} \quad \rightarrow \quad \begin{array}{r} 41^\circ\ 81' \\ -\ 15^\circ\ 32' \\ \hline 26^\circ\ 49' \end{array}$$

(-1°; $+60'$)

Para **restar** dos medidas de ángulos en forma compleja, las colocamos en columna y restamos. Si es necesario, convertimos previamente, en el minuendo, 1′ a segundos o 1° a minutos.

25. Copia y efectúa en tu cuaderno las restas siguientes:

$$\begin{array}{r} 37^\circ\ 24' \\ -\ 12^\circ\ 38' \\ \hline \end{array} \qquad \begin{array}{r} 78^\circ\ 43' \\ -\ 22^\circ\ 58' \\ \hline \end{array} \qquad \begin{array}{r} 42^\circ\ 48'\ 22'' \\ -\ 24^\circ\ 31'\ 39'' \\ \hline \end{array} \qquad \begin{array}{r} 47^\circ\ 19'\ 29'' \\ -\ 17^\circ\ 33'\ 34'' \\ \hline \end{array} \qquad \begin{array}{r} 112^\circ\ 28'\ 14'' \\ -\ 98^\circ\ 37'\ 26'' \\ \hline \end{array}$$

26. Sabiendo que $\hat{A} = 25^\circ\ 45'$ y $\hat{B} = 51^\circ\ 19'$, calcula $\hat{C}$, $\hat{D}$, $\hat{E}$ y $\hat{F}$:

$\hat{B} + \hat{C} = 120^\circ$ $\qquad$ $\hat{A} + \hat{D} = 85^\circ$ $\qquad$ $\hat{A} + \hat{B} + \hat{E} = 160^\circ$ $\qquad$ $\hat{B} - \hat{A} + \hat{F} = 130^\circ$

27. Averigua cuánto le falta a cada ángulo para llegar a un llano:

a
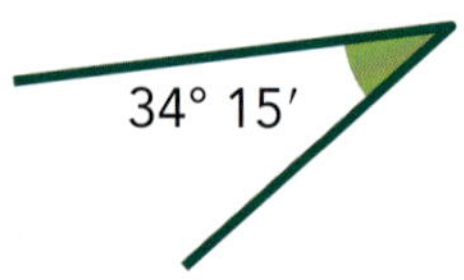

b
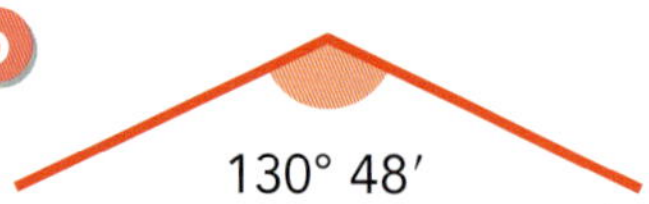

c
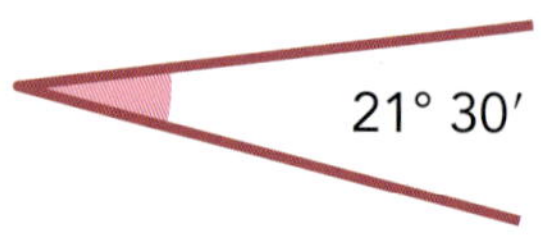

28. Sabemos que dos ángulos consecutivos forman un ángulo recto. Si uno de ellos mide 51° 34′ 25″, ¿cuánto mide el otro?

29. En un triángulo rectángulo, uno de los ángulos agudos mide 55° 39′. ¿Cuánto mide el otro ángulo agudo?

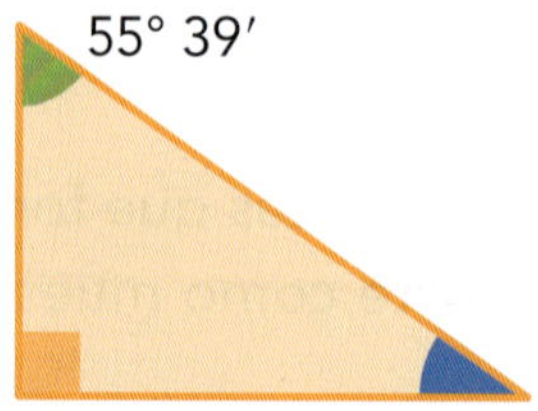

Cálculo mental

Efectuar. (70 – 60) × 9; 7 × 6 : 2; (9 + 4) × 5; (20 – 14) × 7; (15 + 5) : 4; (35 – 10) : 5; 10 × 4 : 8.

Ángulos complementarios y suplementarios

Clases de ángulos

Fíjate en los ángulos de las imágenes:

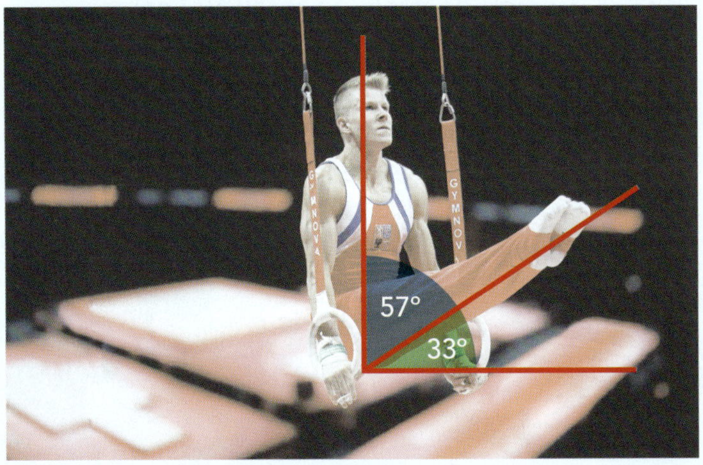

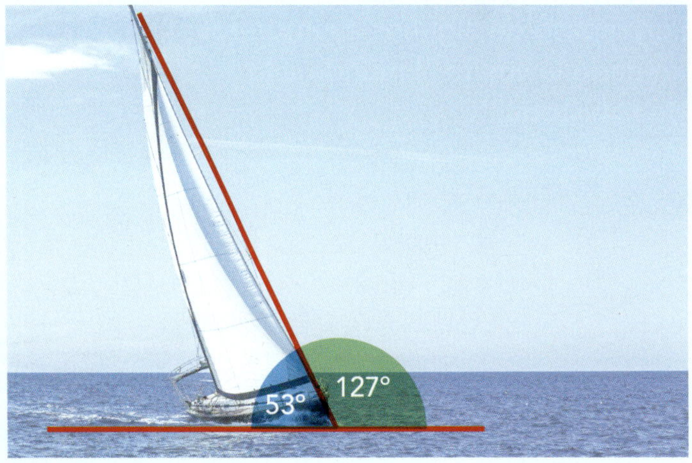

Dos ángulos son **complementarios** si suman 90°.

Dos ángulos son **suplementarios** si suman 180°.

30. Los ángulos $\hat{A}$ y $\hat{B}$ son complementarios. Calcula la medida de $\hat{B}$ en cada caso:

$\hat{A} = 43^\circ$; $\hat{B} =$ ■ $\hat{A} = 11^\circ$; $\hat{B} =$ ■ $\hat{A} = 15^\circ\ 38'$; $\hat{B} =$ ■ $\hat{A} = 37^\circ\ 52'$; $\hat{B} =$ ■

31. Los ángulos $\hat{A}$ y $\hat{B}$ son suplementarios. Calcula la medida de $\hat{B}$ en cada uno de los casos siguientes:

$\hat{A} = 68^\circ$; $\hat{B} =$ ■ $\hat{A} = 47^\circ$; $\hat{B} =$ ■ $\hat{A} = 135^\circ\ 28'$; $\hat{B} =$ ■ $\hat{A} = 123^\circ\ 34'$; $\hat{B} =$ ■

32. Sin utilizar el transportador, calcula los ángulos indicados en cada figura:

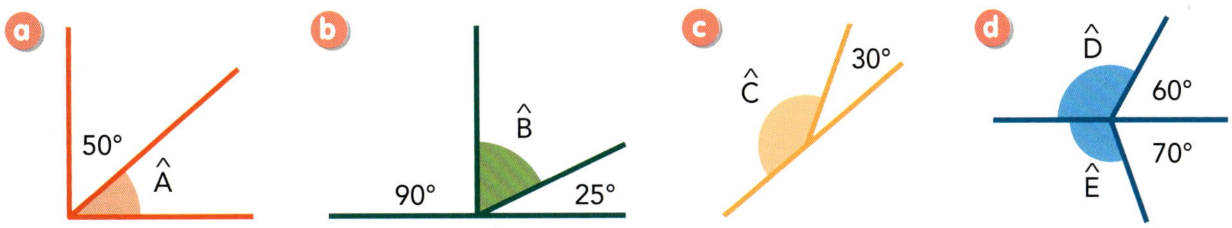

33. ¿Pueden ser complementarios un ángulo agudo y un ángulo obtuso? ¿Y dos ángulos obtusos? Razona las respuestas.

34. Dos ángulos $\hat{A}$ y $\hat{B}$ son suplementarios. Contesta y razona tu respuesta:

– Si $\hat{A}$ es un ángulo agudo, ¿qué clase de ángulo es $\hat{B}$?
– Si $\hat{A}$ es un ángulo recto, ¿qué clase de ángulo es $\hat{B}$?

¡No te olvides de pasar por el Gimnasio para practicar algunos ejercicios! ¡clic! ¡clic!

De Elcano al Solar Impulse 2

En el documental que ha visto Paula han hecho un repaso de algunos aventureros que han dado la vuelta al mundo a lo largo de la historia.

Datos del viaje

Duración de la misión: 505 días en 17 etapas
Tiempo de vuelo en total: 600 horas
Distancia recorrida: 35.000 kilómetros

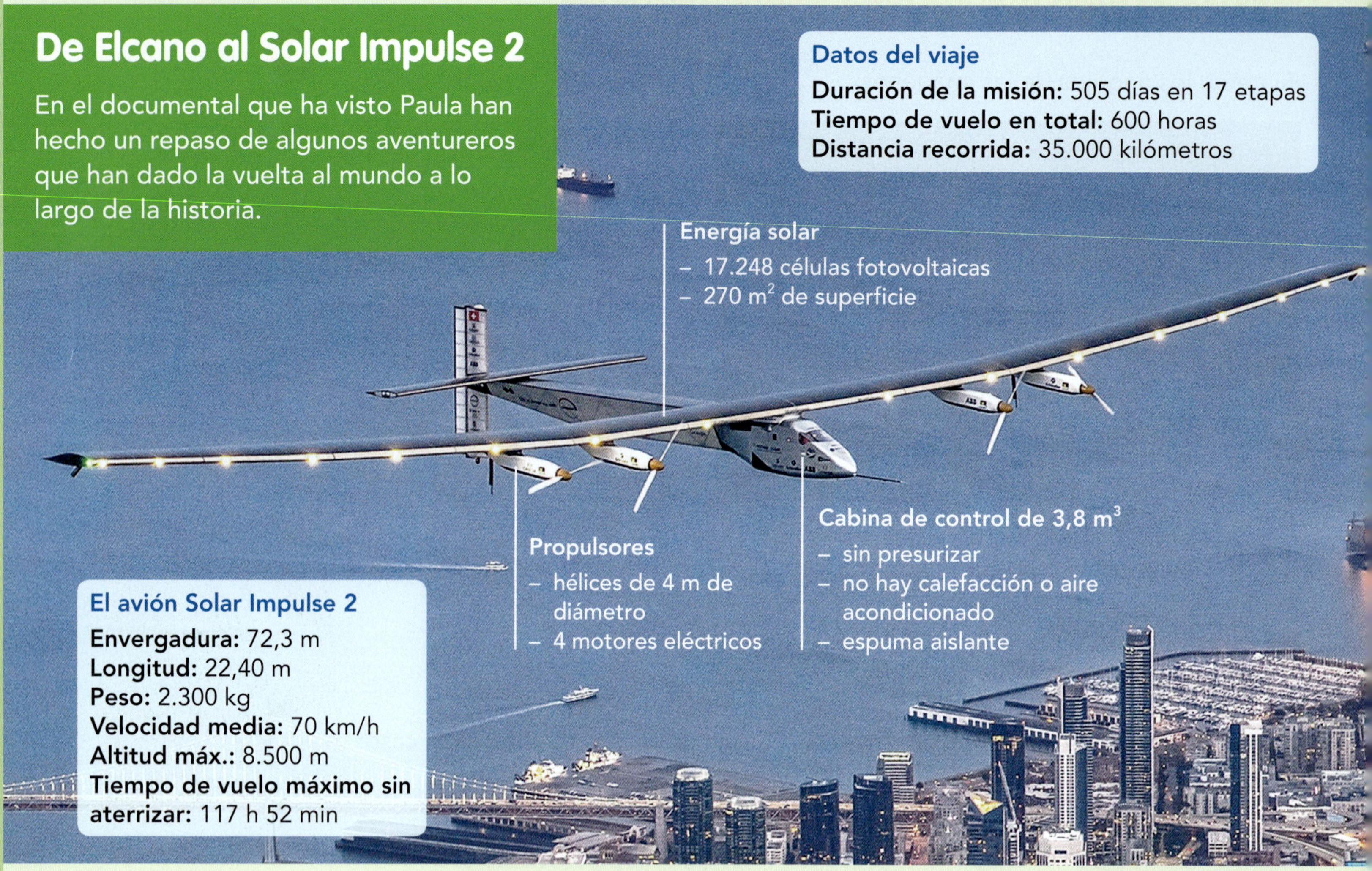

El avión Solar Impulse 2

Envergadura: 72,3 m
Longitud: 22,40 m
Peso: 2.300 kg
Velocidad media: 70 km/h
Altitud máx.: 8.500 m
Tiempo de vuelo máximo sin aterrizar: 117 h 52 min

1. Lee la información sobre el Solar Impulse 2 y contesta:

- El Solar Impulse 2 empezó su aventura el 9 de marzo de 2015. Calcula la fecha exacta del final de la vuelta. Explica cómo lo calculas.
- Una pista de tenis mide unos 23 m × 11 m. ¿Qué tiene más superficie: la pista de tenis o las alas del avión?
- Un niño o niña de tu edad con los brazos en cruz mide 1,5 metros. ¿Cuántos niños y niñas se necesitan, cogidos de la mano, para superar la envergadura del Solar Impulse 2?

2. Fíjate en la información de la vuelta al mundo en globo sin escalas y contesta en tu cuaderno:

- ¿Cuántas horas duró el vuelo?
- ¿Qué dia aterrizó?
- Llegó a volar a 10.000 m de altura. ¿Cuánto más alto que el Solar Impulse 2 voló?
- La velocidad media a la que voló fue de 128 km/h. ¿Cuántos kilómetros recorrió en los 11 días?

El viajero Fiódor Kóniujov rompió un récord mundial al realizar la vuelta al mundo en globo aerostático en tan solo 11 días. Kóniujov comenzó su vuelo el 12 de julio de 2016.

3. Lee la información sobre la primera vuelta al mundo y contesta:

LA PRIMERA VUELTA AL MUNDO

El 20 de septiembre de 1519, la expedición de Juan Sebastián Elcano salió de Sanlúcar de Barrameda, Cádiz.

Viajaron a bordo de la nao Victoria, un barco de solo 28 m de largo.

Juan Sebastián Elcano terminó el viaje el 6 de septiembre de 1522, junto a otros 17 supervivientes.

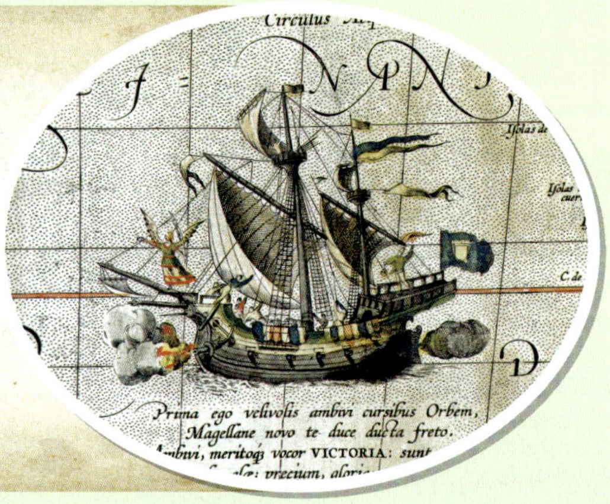

- ¿Cuánto tiempo duró el viaje? ¿Cuánto faltaba para los 3 años?
- Si un adulto tiene una envergadura de 1,7 metros, ¿los supervivientes cabían en la nave con los brazos en cruz?

4. Jules Verne nació en 1828. A los 45 años publicó su libro *La vuelta al mundo en ochenta días*. Contesta en tu cuaderno:

- ¿En qué año se publicó este libro?
- ¿Cuántos años hace de su publicación?
- ¿Cuántos segundos son 80 días?
- Comenta con tus compañeros y compañeras qué películas y libros conoces sobre viajes y aventuras.

5. Lee cuánto tardó Steve Fossett y responde:

En 2005, Steve Fossett dio la vuelta al mundo con el avión Virgin Atlantic GlobalFlyer. Recorrió 36.865 km en 67 horas y un minuto, sin escalas, sin repostar y en solitario.

- Para calcular cuántos días tardó hemos dividido 67 entre 24. ¿Qué significan el cociente y el resto de esta división?
- Steve Fossett despegó un lunes a las 18:47 h. ¿Qué día de la semana y a qué hora aterrizó?
- Calcula, redondeando, la velocidad media en kilómetros por hora.

67	24
19	2

Cálculo mental

Multiplicar por 5.

64 × 5

64 × 10 : 2

640 : 2 = 320

46 × 5	844 × 5	446 × 5	406 × 5	2.024 × 5
28 × 5	204 × 5	682 × 5	246 × 5	2.624 × 5
22 × 5	486 × 5	242 × 5	624 × 5	8.806 × 5
86 × 5	606 × 5	826 × 5	464 × 5	2.808 × 5
64 × 5	462 × 5	228 × 5	846 × 5	6.242 × 5
82 × 5	286 × 5	828 × 5	428 × 5	4.682 × 5

Actividad cooperativa

Este es el recibo de la luz que han pagado en casa de Carmen:

Tiene una parte fija, que depende de la potencia contratada, y una parte variable, que depende del consumo. La potencia se mide en kilovatios (kW) y el consumo se mide en kilovatios hora (kWh).

Consumo eléctrico

Lectura real	(29/08/2019)	15.041 kWh
Lectura real	(30/06/2019)	– 14.878 kWh
Consumo medido		163 kWh
	Total	163 kWh

Facturación

PRODUCTO: PVPC

Concepto	Cálculos	Importes (€)
Coste consumo	163 kWh × 0,11868 €/kWh	= 19,34
Potencia	4,4 kW × 60 × 0,115187 €/kW y día	= 30,41
Impuesto electricidad	49,75 € × 1,05113 × 4,864 %	= 2,54
Alquiler equipos		1,07
	Total	53,36
IVA	21 % de 53,36	= 11,21
TOTAL FACTURA		**64,57 €**

1. Formad grupos de tres personas y resolved las siguientes cuestiones:

- Localizad el consumo en el recibo, y decid a qué período corresponde.
- ¿Cuál es el precio del kilovatio hora?
- La potencia contratada es de 4,4 kW. ¿Cuál es el precio por día del kilovatio contratado? ¿A qué corresponde el 60 que sale en el cálculo de la potencia?
- ¿De dónde salen los 49,75 € del cálculo del impuesto de electricidad?

2. Entre toda la clase, discutid las siguientes cuestiones:

- ¿La familia de Carmen paga mucho de luz?
- ¿Qué pueden hacer para disminuir el consumo de luz?
- ¿Qué ventajas e inconvenientes tiene pagar la factura de la luz cada dos meses? ¿Sería mejor pagarla cada mes? Encontrad razones a favor y en contra.

Resolución de problemas

Aprenderás a... averiguar preguntas con las operaciones que resuelven un problema.

Fíjate bien en los datos y las operaciones que resuelven cada problema. Escribe en el cuaderno las preguntas del problema y las soluciones correspondientes.

1. En una pastelería encontramos estos pasteles:

Preguntas: ¿ ?

Operaciones: 45 : 2,5 = 18

36 : 1,5 = 24

24 – 18 = 6

45 + 36 = 81

Soluciones:

2. La maqueta del barco de Juan Sebastián Elcano está a escala 1:110. La maqueta mide 102 cm de largo y 54 cm de alto.

Preguntas: ¿ ?

Operaciones: 102 × 110 = 11.220

54 × 110 = 5.940

11.220 : 100 = 112,2

5.940 : 100 = 59,4

Soluciones:

3. La calabaza de la fotografía pesaba 608 libras y 1.785 onzas inglesas. La libra y la onza son unidades inglesas que equivalen a 453 g y 28 g, respectivamente.

Preguntas: ¿ ?

Operaciones: 608 × 453 = 275.424

1.785 × 28 = 49.980

275.424 + 49.980 = 325.404

325.404 : 1.000 = 325,404

Soluciones:

4. Un circuito para carreras de motos mide 3.500 metros. Un motorista ha recorrido 87,5 km.

Preguntas: ¿ ?

Operaciones: 87,5 × 1.000 = 87.500

87.500 : 3.500 = 25

Soluciones:

Actividades

PRACTICA

1. Copia y completa las equivalencias:

2 h 39 min = □ min　　1 h 49 s = □ s

15 min 21 s = □ s　　4 h 6 min = □ min

3 h 53 min = □ min　　6 h 36 min = □ min

2. Copia en tu cuaderno y completa:

489 min = □ h □ min

35.678 s = □ h □ min □ s

3.600 s = □ min □ s

4.200 min = □ h □ min

3. Resuelve estas operaciones en tu cuaderno:

6 h 15 min 38 s + 2 h 12 min 40 s □	8 min 54 s + 9 min 8 s □
14 h 30 min – 7 h 40 min 30 s □	5 h 30 min 15 s – 2 h 18 min 30 s □

4. Escribe estos ángulos en segundos:

34°　　45° 36″　　9° 2′ 14″

14° 34′　　medio minuto　　6° 45′ 8″

medio grado　　36° 24′ 36″　　51° 42′

5. Copia y resuelve en tu cuaderno:

21° 18′ 51″ + 13° 24′ 34″ □	30° 33′ 28″ + 42° 26′ 43″ □
62° 40′ 22″ – 11° 59′ 12″ □	67° 29′ 7″ – 28° 33′ 14″ □

6. Escribe en tu cuaderno de forma compleja:

3.569′ = □° □′ □″　　6.789″ = □° □′ □″

5.789″ = □° □′ □″　　7.406″ = □° □′ □″

7. Calcula los ángulos indicados en cada figura:

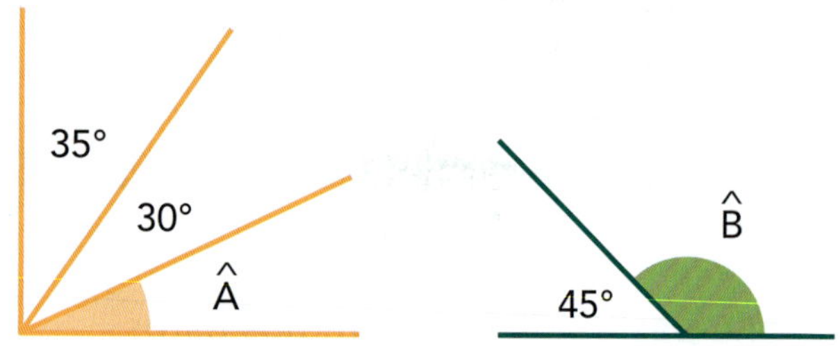

8. ¿Cuánto mide el suplementario del complementario de 51°?

APLICA

9. Marina dice que esta noche ha dormido 18.000 segundos. ¿Crees que es mucho? Calcula cuántos segundos has dormido tú esta noche.

10. Una canción dura 4 minutos 25 segundos y otra canción dura 285 segundos. ¿Cuál de las dos canciones dura más?

11. Un barco sale de Barcelona a las 22:55 h. Si la travesía hasta Palma de Mallorca tiene una duración de 8 h 7 min, ¿a qué hora tiene prevista la llegada?

12. Un eclipse de Luna duró 2 h 43 min. ¿A qué hora terminó si empezó a las 23:49 h?

13. Sonia empezó a estudiar a las 18:50 h. Si estuvo estudiando durante una hora y tres cuartos, ¿a qué hora acabó de estudiar?

14. Un programa televisivo ha empezado a las 16:15 h y tiene una duración de una hora y media. ¿A qué hora ha finalizado si durante la emisión se han hecho dos cortes para la publicidad de 8 min y 6 min?

15. Un avión ha despegado a las 23:12 h y ha aterrizado a la 1:40 h de la madrugada. ¿Cuánto ha durado el vuelo?

16. Un tren sale de Madrid a las 22:30 h y llega a Barcelona a las 8:00 h. ¿Cuánto dura el viaje?

17. En una competición de 200 metros mariposa de natación, el ganador invirtió 2 min 51 s, mientras que el tercer clasificado acabó la carrera en 3 min 29 s. Responde:

- ¿Qué diferencia de tiempo hubo entre los dos nadadores?
- ¿Qué tiempo hizo el segundo clasificado si llegó 25 s antes que el tercero?
- El sexto clasificado llegó a 1 min 18 s del ganador de la carrera. ¿Qué tiempo hizo?

18. Un ángulo mide 77.740″ y otro, 21° 35′. ¿Cuál es mayor?

PROFUNDIZA

19. Observa cómo ha resuelto Estela este problema y contesta las preguntas:

En una exposición se proyecta 6 veces seguidas un documental que dura 34 min 12 s. ¿Cuánto tiempo ha estado funcionando el proyector?

$$\begin{array}{r} 34 \text{ min } 12 \text{ s} \\ \times 6 \\ \hline 204 \text{ min } 72 \text{ s} \end{array}$$

Resultado: 204 min 72 s

- ¿Es correcto el resultado?
- ¿Hay otra forma más correcta de dar este resultado?

20. Sabiendo que el triángulo *DBC* es equilátero, calcula la medida de cada uno de los ángulos del triángulo *ABC*:

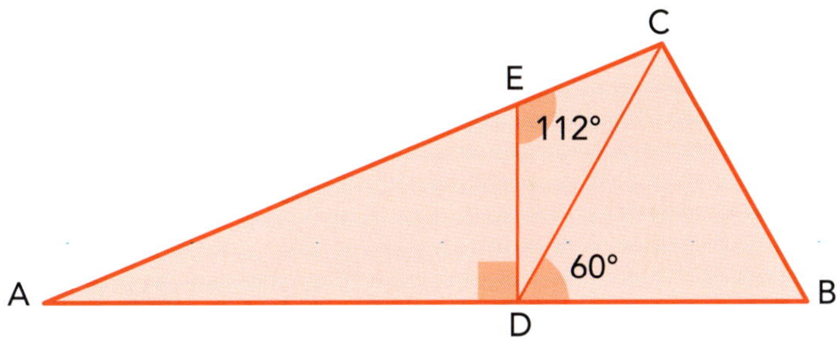

RAZONA

21. Las dos cajas son iguales. ¿En cuál se ha utilizado más cinta? Calcula cuánta más si para el lazo se utilizan 20 cm de cinta:

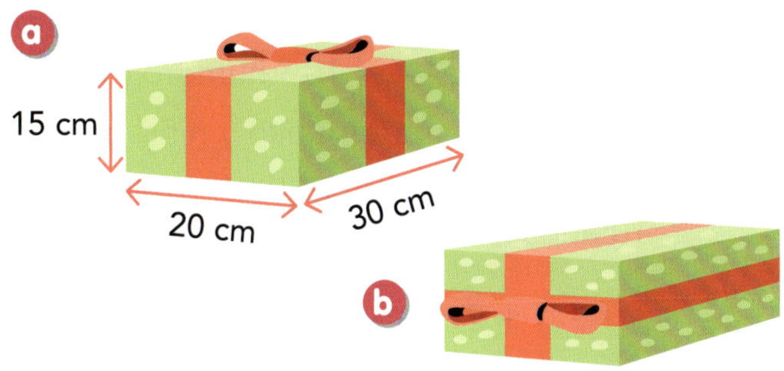

22. Tengo un euro en el bolsillo, pero tengo más de una moneda y menos de seis. ¿Cuántas soluciones distintas encuentras?

¡Ponte a prueba!

NÚMEROS TRIANGULARES

1. Observa los siguientes triángulos construidos con bolitas. Escribe y dibuja los dos siguientes números de la serie:

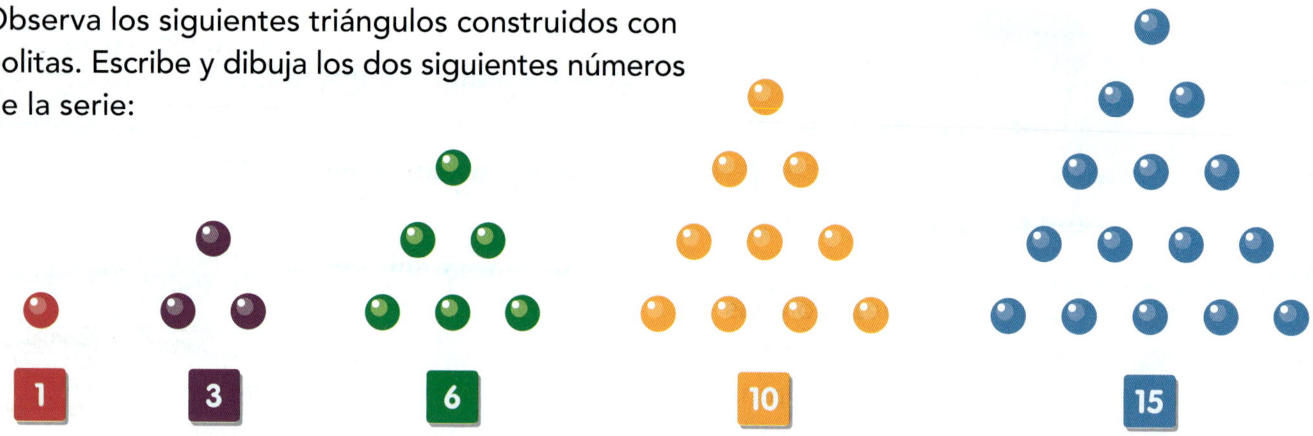

- Ya conoces los 7 primeros números triangulares. Escribe el 9.° número de la serie sin hacer dibujos. Explica cómo los has encontrado.
- Observa la suma para obtener el 5.° número de la serie. ¿Cuál será el 10.° número de la serie?

$$\begin{array}{r} 1 \\ 2 \\ 3 \\ 4 \\ +\ 5 \\ \hline 15 \end{array}$$

Carl Friederich Gauss estudió a fondo los números triangulares.

2. La suma para obtener el 6.° número triangular puede simplificarse como vemos a la derecha:

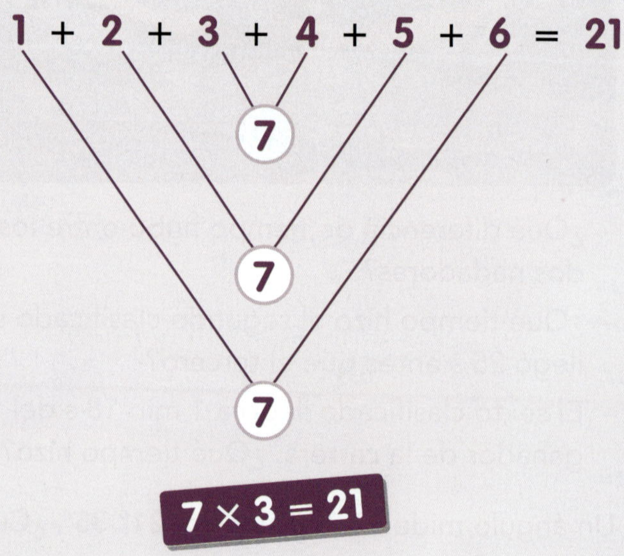

- Aplica este procedimiento a la suma para obtener el 8.° y el 10.° número de la serie.
- Gauss, gran matemático y niño prodigio, calculó la suma de los 100 primeros números con solo 10 años. ¿Puedes intentarlo tú?

$1 + 2 + 3 + ... + 98 + 99 + 100 = \square$

- Quizás has descubierto una regla que funciona si los números son pares. ¿Qué pasa si son impares?

Ya sé...

1. Expresa en la unidad indicada:

12 h 30 min = ▢ min   25 h 14 min 22 s = ▢ s   16 h 14 s = ▢ s

2. Resuelve en tu cuaderno:

2 h 47 min 40 s	3 h 21 min 20 s	5 h 48 min 25 s	6 h 17 min 15 s
+ 1 h 29 min 34 s	− 1 h 39 min 30 s	+ 1 h 37 min 49 s	− 3 h 8 min 39 s
▢	▢	▢	▢

3. El AVE de Barcelona a Córdoba sale a las diez y media de la mañana y llega a Córdoba a las 15:11 h. ¿Cuánto dura el viaje?

4. Indica qué ángulo tiene mayor amplitud:

2.940′   90.000″   7.620′   756.000″

5. Calcula el ángulo que falta en el triángulo y en el cuadrilátero:

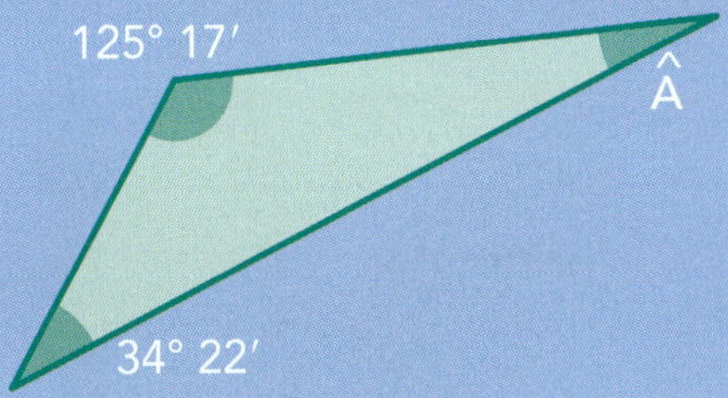

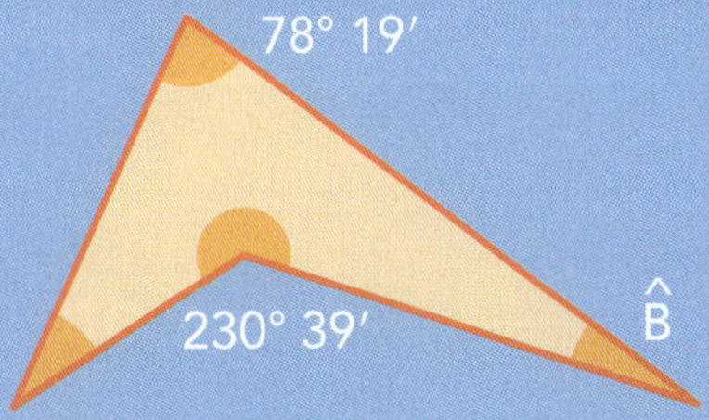

6. Sin usar el transportador, calcula los ángulos indicados en cada figura:

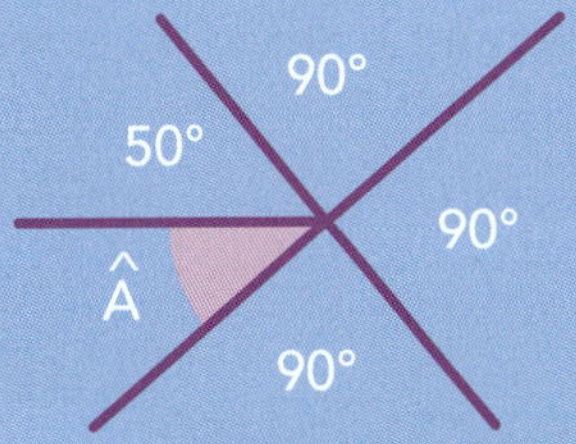

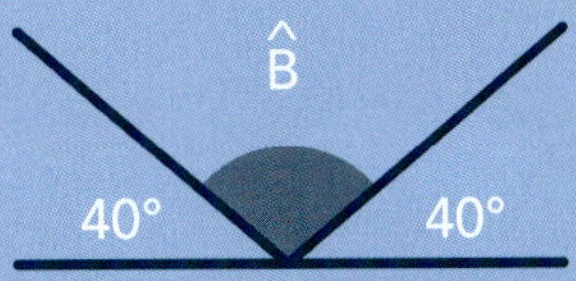

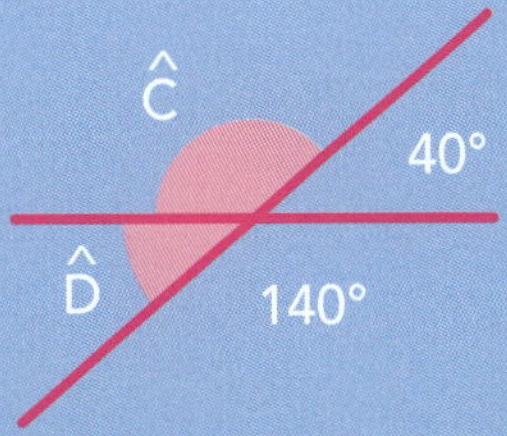

7. Susana ha caminado durante 3 horas y 25 minutos y Jaime durante 3 horas y 45 segundos. ¿Quién ha caminado más? ¿Cuánto más?

8. ¿En qué ángulo se posiciona la aguja minutera del reloj cuando marca cinco minutos? ¿Y cuando marca treinta? Exprésalo en minutos y en segundos:

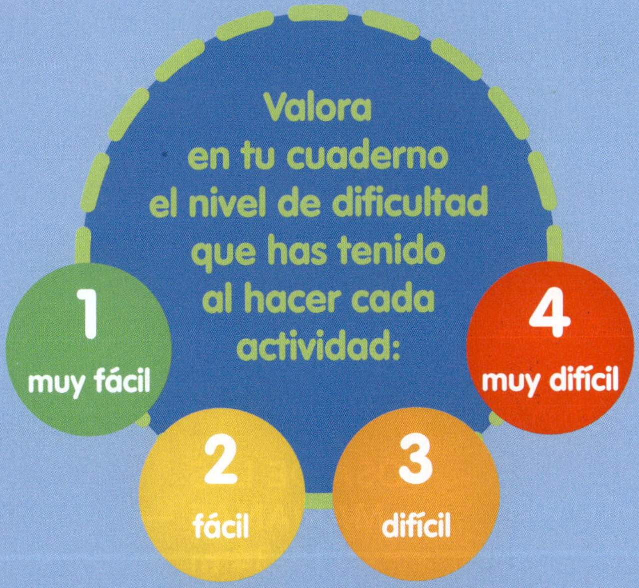

Del Everest a la fosa de las Marianas

Los Piccard forman una familia de exploradores: Auguste logró el récord de altitud en globo al ascender a 16.200 m (1932).

Su hijo Jacques alcanzó los 10.916 m de profundidad a bordo del submarino Trieste (1960).

Su nieto, Bertrand, fue el primero en dar la vuelta al mundo en globo sin paradas con el Orbiter 3 (1999).

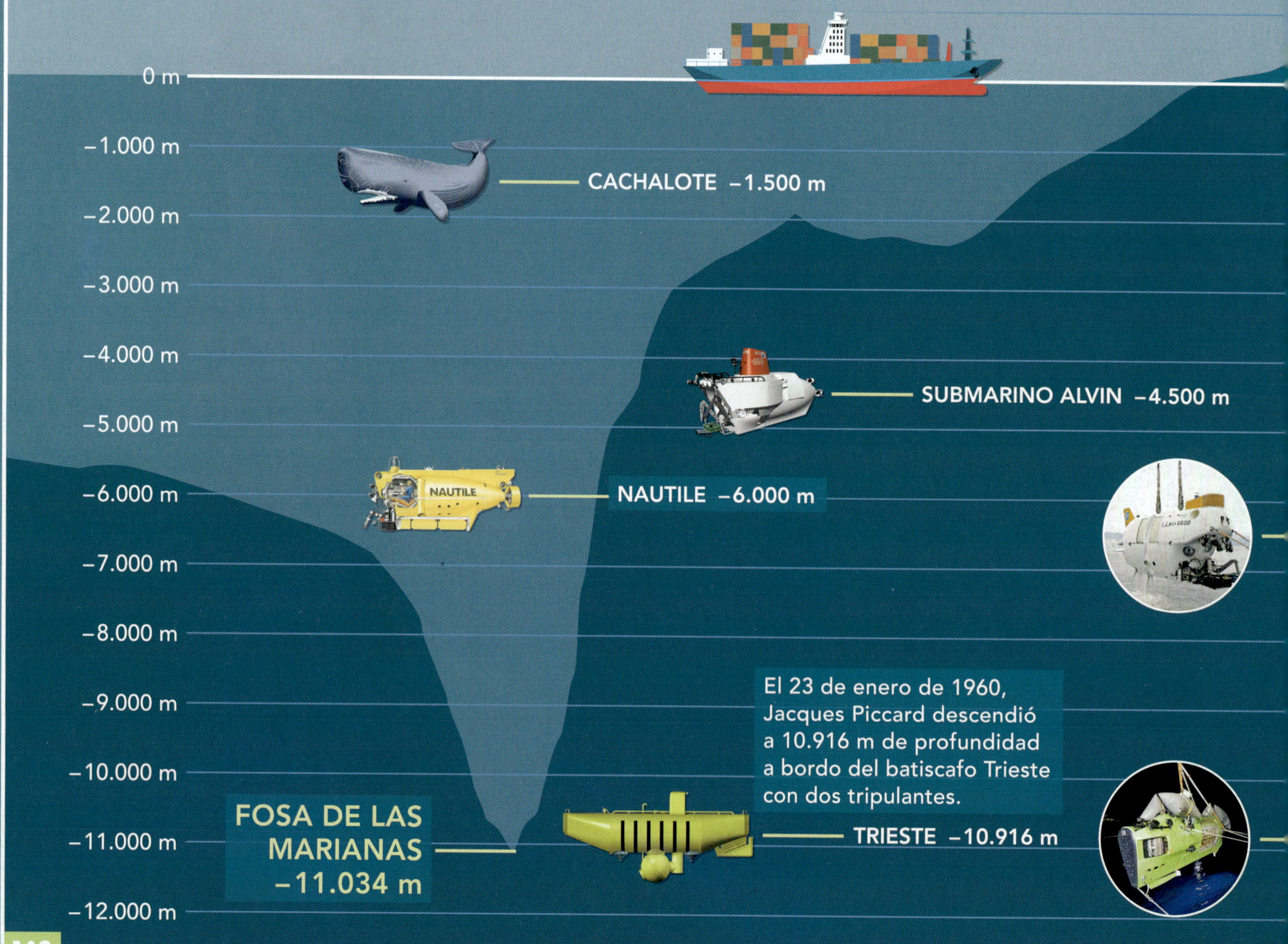

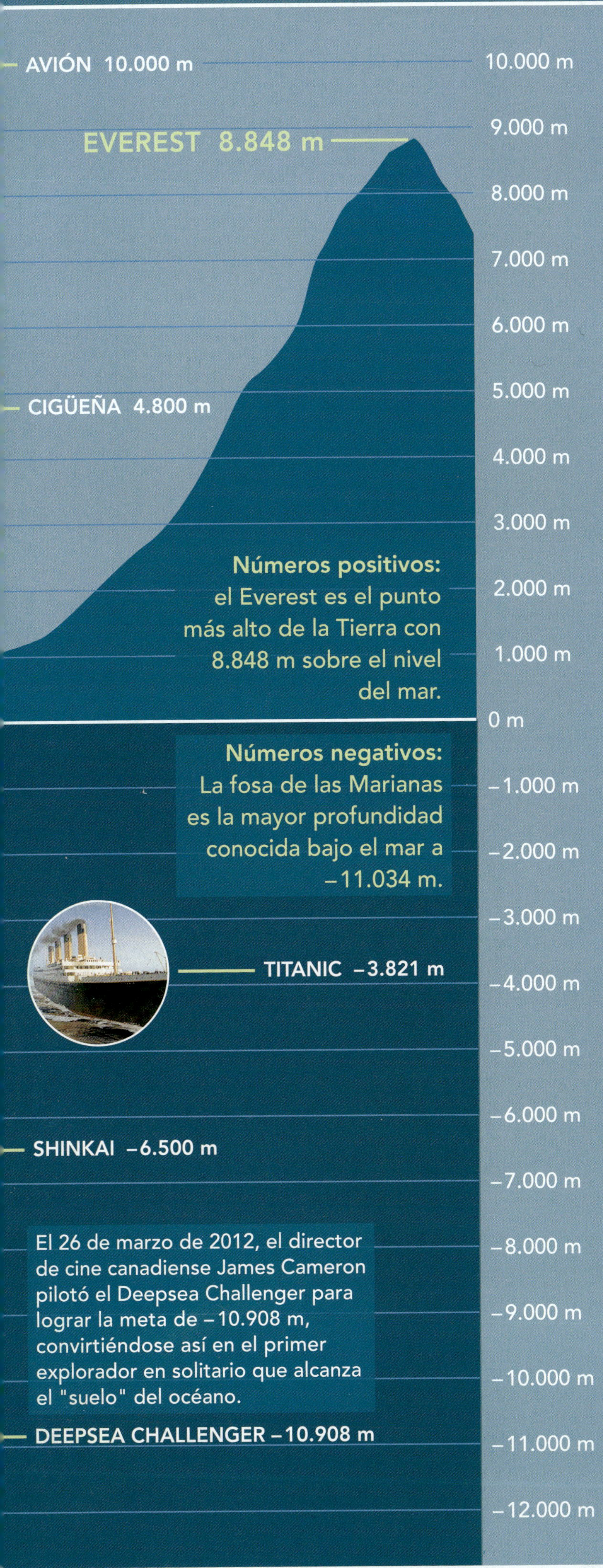

Números positivos: el Everest es el punto más alto de la Tierra con 8.848 m sobre el nivel del mar.

Números negativos: La fosa de las Marianas es la mayor profundidad conocida bajo el mar a –11.034 m.

El 26 de marzo de 2012, el director de cine canadiense James Cameron pilotó el Deepsea Challenger para lograr la meta de –10.908 m, convirtiéndose así en el primer explorador en solitario que alcanza el "suelo" del océano.

Récord de altura: Felix Baumgartner a punto de saltar desde su globo aerostático a 39.068 m en octubre de 2012.

1. Calcula la distancia en vertical entre la altura que alcanzó Auguste Piccard y el récord de profundidad de su hijo Jacques.
2. ¿A qué altura por encima de la fosa de las Marianas se encuentran los restos del Titanic?
3. El batiscafo japonés Shinkai puede descender a una profundidad de 6.500 m. ¿Cuántos metros puede descender por debajo de los restos del Titanic?
4. ¿A qué distancia de la cima del Everest pasa un avión comercial?
5. Calcula la distancia en vertical entre:
   - El Everest y la fosa de las Marianas.
   - La profundidad que alcanza un cachalote y el submarino Alvin.
   - El récord de altura de Felix Baumgartner y la profundidad del Nautile.
   - El vuelo de una cigüeña y la profundidad del Shinkai.
6. El descenso del Trieste duró 4 h 47 min. Dedicaron 20 minutos a la exploración y la duración del ascenso fue de 3 h 15 min. ¿Cuánto duró la expedición?
7. El Deep Challenger tardó 2 h 37 min en descender, pasó 3 h explorando el fondo y subió en solo 70 min. ¿Duró más o menos que la expedición del Trieste? ¿Cuánto?
8. El Trieste pesaba 51 t y el Deepsea Challenger 11,8 t. Expresa la diferencia de peso en kilos.

Ilustraciones y fotografías: Marcel Socias, 123RF, age fotostock, Album Archivo Fotográfico, Getty Images, Pixabay y Prisma Archivo Fotográfico.

Primera edición, 2019

1 2 3 4

Depósito Legal: B. 8.094-2019/ N.º de Orden V.V.: MU12.

IMPRESO EN ESPAÑA. PRINTED IN SPAIN.